图 1 北京金阳公司生产的各种规格的小砌块

图 2 美国砌块建筑(书店)

图 3 日本空心砌块住宅小区

图4 澳大利亚小砌块高层建筑

图5 1923年建于上海的小砌块建筑　　图7 1986年南宁市建成的11层小砌块办公楼

图6 绍兴市1982年建成的小砌块住宅小区

图8 北京绿岛白帆俱乐部小砌块会议中心

图10 上海18层小砌块住宅楼

图9 北京良乡金鸽园小砌块别墅

小砌块建筑设计与施工

孙惠镐 王墨耕 李俊民 编著

中国建筑工业出版社

图书在版编目（CIP）数据

小砌块建筑设计与施工/孙惠镐，王墨耕，李俊民编著．—北京：中国建筑工业出版社，2001.3
ISBN 7-112-04550-9

Ⅰ．小… Ⅱ．①孙…②王…③李… Ⅲ．①砌块，空心-建筑设计②砌块，空心-建筑工程-工程施工
Ⅳ．TU522.3

中国版本图书馆 CIP 数据核字（2001）第 03936 号

小砌块建筑设计与施工

孙惠镐 王墨耕 李俊民 编著

*

中国建筑工业出版社出版、发行（北京西郊百万庄）
新 华 书 店 经 销
北京市彩桥印刷厂印刷

*

开本：850×1168毫米 1/32 印张：10¼ 插页：2 字数：272千字
2001年3月第一版 2001年9月第二次印刷
印数：3,001—7,000 册 定价：**20.00**元
ISBN 7-112-04550-9
TU·4068（10000）

版权所有 翻印必究
如有印装质量问题,可寄本社退换
（邮政编码 100037）

本书介绍小型空心砌块（简称小砌块）的品种规格和小砌块建筑的建筑设计、结构设计、构造要求和施工方法；书中并对用于高层建筑的配筋砌块的构造要求、结构设计和抗震设计作必要的介绍。

本书可供从事小砌块建筑的设计、施工人员阅读，也可作为培训教材及大专院校有关专业教学参考。

* * *

责任编辑　袁孝敏

前　言

目前我国的建筑砌块每年以 20% 左右的速率递增，全国建筑砌块总产量达到 3500 万 m^3/年，在进一步限制粘土砖使用情况下，建筑砖块在我国墙体改革进程中，无疑将占有极大的优势。

我国各类砌块建筑面积已超过 8000 万 m^2，砌块建筑从村镇建设、中等城市成片的砌块住宅区，到大城市高层砌块住宅的兴起，说明砌块建筑不仅代替实心粘土砖，在多层建筑中占有相当大的比例，而且在高层建筑、公共建筑中，也由于它节约钢材、节省工时、降低造价，具有巨大的发展空间。

混凝土小型空心砌块，以及用小砌块砌筑的砌体、结构构体具有与其他材料不同的物理、力学性能。因此，建筑设计、结构设计、施工方法、质量检验等也与其他墙体材料有明显的差异。掌握砌块建筑体系的设计、施工特点，就能充分发挥砌块建筑的优势，如果不遵循砌块特性进行设计和施工，砌块建筑将会暴露出一些问题，影响建筑的使用功能。

本书较全面地将小砌块建筑在国内、国外的发展情况，砌块建筑墙体材料的技术要求，砌块墙体建筑设计的特点，无筋和配筋砌体的设计与计算，无筋和配筋砌块建筑的抗震设计与计算，小砌块建筑的施工特点与质量检验等问题进行系统地介绍。使每一位读者阅后对小砌块建筑体系有一个比较深刻地了解，有利于读者正确掌握砌块建筑的设计与施工要领。书中无筋砌体结构与构件，无筋和配筋砌体的抗震计算有计算例题供设计人员参考。

本书由孙惠镐编写第一、四、五、八章，王墨耕编写第二、六、七章，李俊民编写第三章。

应该指出的是：我国小砌块建筑设计与施工有一些"规范""规程""图集"可供使用。但是，由于小砌块建筑在我国发展的历史还不长，无筋、配筋砌块墙体抗震性能试验与计算理论的研究正逐步地开展，配筋砌体构件的计算理论尚未完善，砌块墙体热、裂、渗问题的研究也在进一步深入。因此，本书所提供的部分计算公式和有关数据仅供设计人员参考使用。

编 者
2000 年 11 月

目　　录

前　言
第一章　小砌块建筑发展概况 ……………………… 1
　第一节　国外混凝土小型空心砌块发展概况 ……… 1
　　一、小型砌块国外发展情况 ………………………… 1
　　二、小型砌块在国外得到广泛应用的原因 ………… 4
　　三、国外小型砌块的发展动向 ……………………… 6
　第二节　国内混凝土小型空心砌块发展概况 ……… 8
　　一、我国小型砌块发展历史 ………………………… 8
　　二、21世纪我国小砌块建筑的展望 ………………… 13
第二章　小砌块建筑的墙体材料 …………………… 17
　第一节　综述 ………………………………………… 17
　第二节　混凝土小型空心砌块 ……………………… 18
　　一、小砌块的块型 …………………………………… 18
　　二、小砌块的基本要求 ……………………………… 23
　第三节　砌筑砂浆 …………………………………… 26
　　一、砂筑砂浆的基本要求 …………………………… 27
　　二、砌筑砂浆用料要求 ……………………………… 28
　　三、参考配合比 ……………………………………… 29
　第四节　芯柱混凝土 ………………………………… 30
　　一、芯柱混凝土的基本要求 ………………………… 31
　　二、芯柱混凝土的用料要求 ………………………… 31
　第五节　钢筋及钢筋网片 …………………………… 32
　　一、钢筋 ……………………………………………… 32
　　二、钢筋网片 ………………………………………… 33
第三章　小砌块墙体的建筑设计 …………………… 34
　第一节　砌块墙体的分类 …………………………… 35

一、单层砌块墙 ··· 35
　　二、夹芯墙 ··· 36
　　三、组合墙 ··· 38
　　四、饰面砌块围护墙 ··· 39
　　五、现浇混凝土砌块墙 ·· 39
　第二节　小砌块墙体的热工、声学及防火性能 ··············· 40
　　一、小砌块墙体的热工性能 ······································ 40
　　二、小砌块墙体的声学特性 ······································ 44
　　三、小砌块墙体的防火性能 ······································ 48
　第三节　小砌块墙体的建筑设计特点 ··························· 49
　　一、模数 ·· 49
　　二、组砌 ·· 51
　　三、墙体的防裂设计 ··· 64
　　四、外墙的抗渗设计 ··· 72
　　五、墙体上建筑配件固定与管线的敷设 ······················· 76
　　六、发挥砌块材质特色、创造独特的建筑风格 ·············· 77

第四章　小砌块砌体的基本力学性能 ······························ 81
　第一节　小砌块砌体的抗压强度 ·································· 81
　　一、砌体抗压强度的试验研究 ··································· 81
　　二、砌体抗压强度设计值 ··· 86
　　三、砌体弯曲抗压强度设计值 ··································· 91
　第二节　小砌块砌体抗拉、抗弯和抗剪强度 ·················· 91
　　一、砌体抗剪强度和弯曲抗拉强度试验 ······················· 91
　　二、砌体抗拉、弯曲抗拉和抗剪强度设计值 ················ 94
　第三节　小砌块砌体的弹性模量、线膨胀系数和摩擦系数 ··· 96
　　一、砌体的弹性模量 ··· 96
　　二、砌体的剪变模量 ··· 98
　　三、砌体的线膨胀系数和摩擦系数 ····························· 98

第五章　无筋小砌块建筑结构设计 ································· 99
　第一节　小砌块结构的设计方法 ·································· 99
　　一、小砌块砌体结构设计方法的发展 ·························· 99

二、极限状态设计方法 … 101
　第二节　受压构件承载能力计算 … 104
　　一、砌体偏心受压影响系数 … 104
　　二、受压砌体构件纵向弯曲系数 … 108
　　三、小砌块受压构件承载力计算 … 109
　第三节　砌体局部受压承载能力计算 … 125
　　一、砌体局部均匀受压 … 126
　　二、梁端支承处无垫块砌体局部受压 … 127
　　三、梁端支承处有垫块砌体局部受压 … 128
　第四节　过梁、挑梁 … 132
　　一、过梁 … 132
　　二、挑梁 … 136
　第五节　小砌块建筑的静力计算 … 142
　　一、小砌块结构房屋的静力计算方案 … 142
　　二、墙、柱高厚比验算 … 146
　　三、单层、单跨刚性方案房屋的静力计算 … 150
　　四、弹性方案和刚弹性方案单层房屋的静力计算 … 153
　　五、多层刚性方案房屋 … 160
　第六节　基础 … 169
　　一、刚性条形基础 … 169
　　二、钢筋混凝土条形基础 … 169
　第七节　小砌块建筑非设防地区的结构构造措施 … 171
　　一、变形缝的设置 … 171
　　二、一般构造要求 … 173
　第八节　多层无筋小砌块建筑抗震设计 … 180
　　一、抗震设计的一般规定 … 180
　　二、多层无筋小砌块建筑的抗震计算 … 182
　　三、抗震构造措施 … 189

第六章　配筋小砌块建筑结构设计 … 197
　第一节　一般原则 … 197
　　一、结构形式 … 197

二、最大适用高度 ································ 197
  三、最大适用的高宽比 ···························· 198
  四、变形缝的设置 ································ 198
  五、结构变形限值 ································ 200
 第二节　配筋砌块砌体结构和结构构件设计与计算原则 ····· 201
  一、结构设计与计算原则 ·························· 201
  二、结构构件设计与计算原则 ······················ 203
  三、结构构件承载力计算 ·························· 208
 第三节　配筋砌块砌体构造要求 ······················· 224
  一、一般构造要求 ································ 224
  二、配筋砌块砌体墙的构造要求 ···················· 227
  三、配筋砌块砌体柱、壁柱的构造要求 ·············· 228
  四、墙和柱配筋示意 ······························ 228
  五、圈梁和过梁 ·································· 232
  六、门窗洞口配筋 ································ 233

第七章　配筋小砌块建筑抗震设计 ······················ 235
 第一节　抗震设计的一般要求 ························· 235
  一、设计范围和依据 ······························ 235
  二、抗震设计表达式 ······························ 236
  三、有关系数和设计值的确定 ······················ 236
  四、结构设计的总体要求 ·························· 238
  五、竖向构件的刚度计算 ·························· 240
 第二节　配筋砌块砌体结构的抗震计算 ················· 245
  一、地震作用计算方法的选择 ······················ 245
  二、建筑物自振周期的确定 ························ 245
  三、剪力墙、墙段和柱的弯矩计算 ·················· 246
  四、抗震设计中若干原则 ·························· 246
  五、抗震设计计算要点 ···························· 249
 第三节　抗震构造要求 ······························· 251
  一、楼屋盖 ······································ 251
  二、配筋砌块砌体结构 ···························· 251

第四节 设计例题 ········ 255
一、荷载收集 ········ 255
二、地震作用计算 ········ 258
三、计算内横墙各层承受的垂直荷载 ········ 268
四、配筋砌块砌体偏心受压剪力墙的抗剪验算 ········ 273
五、内横墙的抗弯验算 ········ 274

第八章 小砌块建筑施工 ········ 278

第一节 小砌块建筑施工的特点 ········ 278
一、小砌块规格、型号 ········ 278
二、块体外形尺寸、壁肋、孔洞 ········ 279
三、芯柱 ········ 279
四、特殊的构造措施 ········ 280

第二节 小砌块建筑的施工准备 ········ 281
一、规范、规程、标准和图集 ········ 281
二、小砌块进场质量验收 ········ 282
三、小砌块进场后的堆放 ········ 286
四、小砌块建筑的施工组织准备 ········ 287

第三节 小砌块墙体的施工 ········ 291
一、砌块和砂浆 ········ 291
二、小砌块墙体的砌筑 ········ 294
三、小砌块墙体砌筑的工艺流程 ········ 300
四、装饰小砌块的砌筑 ········ 300

第四节 钢筋混凝土芯柱施工 ········ 300
一、芯柱部位砌块的砌筑 ········ 301
二、芯柱混凝土的原材料和技术要求 ········ 301
三、芯柱混凝土的施工 ········ 301
四、芯柱施工中几个问题的试验情况 ········ 303

第五节 冬期施工和施工安全 ········ 306
一、冬期施工 ········ 306
二、施工安全 ········ 307

第六节 小砌块砌体质量验收 ········ 308

一、材料出厂合格证和试验资料 …………………………… 308
　　二、施工现场的材料试验 ……………………………………… 309
　　三、小砌块基础工程 …………………………………………… 309
　　四、小砌块墙体 ………………………………………………… 310
参考文献 …………………………………………………………… 312

第一章 小砌块建筑发展概况

混凝土小型空心砌块（本书简称小型砌块或小砂块）是用水泥混凝土制成，其主规格的高度大于115mm而小于380mm，空心率等于或大于25%。小型砌块可使用各种骨料，用碎石、卵石、石屑、山砂、河砂配制而成称普通混凝土小型砌块，块体密度为1000~1500kg/m³，用于承重墙。用浮石、火山渣、煤渣、陶粒、自然煤矸石等配制而成称轻质混凝土小型砌块，块体密度为700~1000kg/m³，用于填充墙。本书主要介绍承重小型砌块，国内通常使用的承重小型砌块，主规格尺寸长×宽×高为390mm×190mm×190mm，空心率为48%左右。文前图1为北京金阳公司生产的各种规格的小砌块外形。

第一节 国外混凝土小型空心砌块发展概况

混凝土小型空心砌块起源于美国，目前在工业发达国家和发展中国家均获得广泛应用和发展，成为主要的墙体材料之一。

一、小型砌块国外发展情况

（一）美国

1905年，美国政府在巴拿马运河区和菲律宾采用混凝土砌块建造医院、仓库和营房。1906年木材、粘土砖价格上涨，水泥价格下降，因而带动了砌块工业的发展。

1918年，第一次世界大战结束，房屋的短缺，粘土砖价格继续上涨，使砌块又获得了有利的发展条件。1919年，全美大约有砌块工场2000家，年产砌块（按16in×8in×8in标准块计）约5000万块。到1928年，全美有砌块工场4000家，年产砌块

3.87亿块。

1945年，第二次世界大战结束以后，砌块又进入高速发展时期，1945年5亿块，1955年25亿块，1973年达33.52亿块。

(二) 其他工业发达国家

1. 日本

日本砌块工业起步于第二次世界大战后，从美国引进了混凝土小型空心砌块的生产技术和设备，开始生产小型砌块，到50年代小型砌块迅速增长，从1955~1964年，年平均增长22.7%；1965~1973年，年增长7.1%，年平均生产3.5亿标准块；1972年产量达高峰，年产13亿标准块；1986年为6.924亿块。

2. 欧洲

原联邦德国在60~70年代小砌块发展较快，由每年约900万m^3增加到1978年1856万m^3，当时主要生产轻质浮石砌块，其比例占70%左右。

意大利70年代小砌块发展较快，年产量600万m^3，主要生产浮石混凝土小型空心砌块。

英国砌块工业也比较发达，1978年产量为1212万m^3，以生产煤渣及其他人造轻骨料砌块为主，所占比例达70%。

在丹麦、奥地利、挪威等国，人造轻骨料——莱卡陶粒砌块的应用十分普遍，丹麦有年产2~3万m^3莱卡砌块的生产厂100多家，奥地利、挪威有几十家。

法国早在1968年就有6000万m^2的工业建筑采用混凝土砌块，同时有1/3的新住宅采用小型混凝土砌块建造。

(三) 发展中国家

在发展中国家，小砌块的应用也十分普遍。据1985年在尼泊尔召开的有关会议统计，亚太地区十国对混凝土空心砌块的生产应用情况见表1-1。

亚太地区十国砌块建筑的需求量和各类建筑所占的比例　表 1-1

国 名	砌块建筑的[①]需要量(套/年)	现每年砌块建筑量(套/年)	各类建筑在全部建筑中的比例(%)						备 注
			空心砌块建筑	粘土砖建筑	实心砌块建筑	草木房	土坯房	其他	
孟加拉	300,000	70,000	1	6	15	55.9	11.3	10.8	城市建房
马来西亚	11,780,000	150,000	30	50	20				
印度尼西亚	700,000	150,000	5	25	1.5	60.5		8	
尼泊尔	64,000	10,000	1	70	7	2		20	城市建房
巴基斯坦	120,000	40,000	5	40			53	2	
菲律宾	200,000	30,000	50	10	40				
斯里兰卡	104,300	25,900	3	35		30	25	7	
泰国	20,000	20,000	55	21	24				政府建房
汤加	960	400							
瑙鲁	40	0							

①国外建房量按一套住宅计算，每套住宅标准约 $50m^2$ 左右。

可以说，世界上大多数国家和地区都在生产和应用混凝土小型砌块表 1-2 列出一些国家十多年前混凝土砌块的产量。

十多年前一些国家混凝土砌块产量（万 m^3）　表 1-2

国别	产量	国别	产量	国别	产量
美国[①]	4929.6	比利时	98.2	南斯拉夫	1039.4
古巴	125.4	原联邦德国	962.9	原苏联[③]	15343.2
多米尼加	106.3	希腊	35.2	白俄罗斯[④]	718.8
巴西	455.7	荷兰	153.7	乌克兰[④]	2374.4
厄瓜多尔	52.1	英国[②]	1100.3	法国	1405.6
西班牙	559.5	捷克斯洛伐克	652.2	爱尔兰	197.1
奥地利	103.9	匈牙利	18.2	韩国	4235.2
芬兰	51.2	肯尼亚	5.6	科威特	161.4
瑞典	14.6	日本	1408.5	菲律宾	67.6
原民主德国	2049.8	塞浦路斯	4.5	新加坡	87.3
南非	373.2	以色列	33.9	也门	160.6

①美国砌块产量系参考专业报告概数。
②英国砌块产量由建筑平方米换算得出。
③包括配筋混凝土砌块、混凝土砖、混凝土管及其他混凝土制品。
④包括混凝土管及其他制品。

3

二、小型砌块在国外得到广泛应用的原因

在国外，小砌块建筑大多用手工砌筑。在某些经济发达国家，机械化程度高、人工费用高的情况下，小砌块能形成一种建筑体系得到更好的应用和发展。是很不容易的，其主要原因是：

1．小型砌块取材容易

小砌块是用水泥、骨料、掺合料和水经振动加压制成，其骨料来源很广泛，有砂、石、煤渣、矿渣、浮石、火山渣、煤矸石、陶粒等，掺合料用工业废料粉煤灰等，这些原材料几乎世界各地区均有其中1～2种。墙体材料用量大、重量也大，不宜长距离运输，小型砌块符合墙体材料因地制宜、就地取材的原则。

2．小型砌块成型技术多样，易于发展

在美国小型砌块成型技术大体经历了四个时期：(1)1904～1914年手工成型时期；(2)1914～1924年动力夯实时期；(3)1924～1938年振动夯实时期；(4)1938年到现在振压成型时期，即自动化联动生产成套设备时期。经过几十年的不断改进、完善，小型砌块的生产设备已经达到了较高的水平，形成了自己系列化的产品，表1-3列出了美国哥伦比亚公司成型机的主要技术参数。

美国哥伦比亚成型机技术参数　　表1-3

成型机型号	M—50	M—30	M—28	M—22	M—16 HF	M—15	M—8	M—5
产量（块/h）	2400	1350	1680	720	1350	360	600	360
一次成型块数	5	3	4	2.5	3	1.5	2	1
模箱尺寸（cm）	104×30.5 ×45.7～52	61×30.5 ×46	89×30 45～52	50×30 ×45	61×30 ×60	30×248 ×45	45×23 ×45	30×23 46
底板尺寸（cm）	106×(46 ～55)×1	66×47 ×0.9	94×(46～ 55)×1	46×56 ×8	47×66 ×0.9	35×48 ×0.6	46×50 ×0.8	35×48 ×0.8
油泵电动机功率（kW）	30	22.38	18.75	11.2	18.75	5.6	7.5	7.5
振动电机功率（kW）	2×11.25	2×11.25	2×11.25	5.6	7.5	3.7	2.25	2.25
振动频率（次/min）	3500	3500	3500	3500	3500	3500	3500	3500

续表

成型机型号	M—50	M—30	M—28	M—22	M—16 HF	M—15	M—8	M—5
破拱电机功率(kW)	2.25	2.25	2.25	1.5	2.2	液压马达	0.75	0.75
风扇电机功率(kW)	0.56	0.56	2×0.19	0.19	0.19			
自重(kg)	15105	14514	17807	6640	9525		3755	
外型尺寸 宽×高×长(cm)	240×285 ×390	243.8× 284.5× 383.5	250×280 ×390	158×234 ×292	212×234 ×320		160×249 ×213	160 ×249 ×213.5

在国外,小型砌块生产多使用固定式砌块成型机,且配有辅助设备形成自动化半自动化生产,每人每年可生产 2500m³,生产效率高,小型砌块的成本比同体积的粘土砖低。以美国为例:粘土砖每块 15~20 美分,普通砌块 50 美分,轻质砌块 60~70 美分,饰面砌块 1 美元左右,与同体积的粘土砖相比,其价格低 60%左右。

3. 小型砌块品种多、质量好

小型砌块与其他墙体材料相比,品种多是一大优势。在美国小型砌块有 2000 多种,各种墙、柱、梁、窗台、门窗框、楼盖均可用砌块制成。砌块尺寸规格化、系列化,而且可生产出不同色彩、不同波纹的装饰砌块。由于小型砌块多样化,能充分发挥建筑师的艺术才能,使建筑物造型丰富、色彩变化,满足人们把建筑物作为一个凝固的艺术品的要求。文前图 2~4 为国外部分小砌块建筑。

4. 配筋砌块砌体房屋抗震性能好

配筋的小型砌块建筑,经历了多次地震的考验,证明其抗震性能是比较好的。

1971 年 2 月,美国洛杉矶发生 6.9 级地震,地震地区两栋地下一层、地上五层的钢筋混凝土框架结构医院完全倒坍,其他砖木结构和钢筋混凝土建筑也遭到不同程度的破坏,但用配筋建造的 100 多栋 6~13 层小砌块建筑都保持完好。

1974 年日本静冈县伊豆半岛和 1967 年日本北海道分别发生

6.8级和7.8级地震,地震中小砌块建筑的损坏率低于木结构和钢筋混凝土结构的建筑物。

1979年,意大利东北部菲奥利城发生了里氏9级地震,当地一些古老房屋、教堂和一部分现代化建筑严重倒坍,而用陶粒混凝土建造的1500栋2~4层的房屋基本完好。

1989年,美国旧金山市7.1级地震,考察了40~50栋配筋砌块建筑,全都经受住了地震的考验。

到目前为止,美国是配筋砌块砌体房屋建造最多的国家,最高层为建于1989年的Excalibir旅馆,高28层。此外,尚有16层、18层的办公楼等。

5. 有完善的砌体结构设计规范

以美国为例,该国砌体结构规范有:(1)由国际房屋管理协会主编的UBC规范,其中有"砌体结构"一章;(2)ACI、ASCE和ASTM1992年联合发布的《砌体结构房屋的规定》;(3)美国抗震救灾委员会(NEHRP)1991年发布的《地震区新建筑设计规定》中第十二章"砌体结构"。这些规范的制定,保证了砌块建筑的结构安全,促进了它的发展。

三、国外小型砌块的发展动向

1. 降低砌块成本

为了降低砌块生产的水泥消耗,提高砌块的强度,增强产品的竞争力,不少国家对骨料的"最佳级配曲线"与外加剂以及粉煤灰的掺入量进行了研究。

2. 提高砌块保温隔热性能

一些国家进行了一系列轻质复合保温砌块及复合保温砌块墙体的研究。他们把轻质保温材料与砌块复合,将膨胀珍珠岩散料等保温材料灌在砌块的孔中,或是在砌块孔中嵌入泡沫混凝土块,再就是在砌筑砌块墙体时,留空气隔层、加矿棉层、浇灌膨胀珍珠岩混凝土等。

3. 增加装饰砌块产量

目前国外房屋的外观越来越讲究,由建筑师提出装饰砌块的表面形状、色彩、纹理等方面要求,与工厂商议进行生产,充分发挥建筑师的想象力和创造力。目前美国这种装饰砌块的产量已占砌块总产量的25%。

4. 发展轻质、高强小砌块

轻质砌块重量轻,广泛用于多、高层建筑的填充墙、内隔墙,减轻建筑物自重,提高建筑物抗震性能。轻质、高强小砌块也可用于承重墙,建造低层别墅式住宅。70年代以来,在一些发达国家里,轻骨料混凝土小砌块占砌块产量的40%~70%。

5. 出现联锁式快建砌块

建筑联锁砌块是一种新型混凝土小型空心砌块,砌块的上下、左右四个面相互联锁,除墙体第一层砌块用砂浆砌筑外,其他各层均不用砂浆砌筑,而用构造措施(部分芯孔中插筋灌浆、圈梁加筋灌混凝土)使墙面形成整体。80年代以来,葡萄牙、瑞士、法国、美国等相继研制出建筑联锁砌块,在工程上得到应用,其优点有:(1)施工速度快、节省劳动力;(2)节省砌筑砂浆;(3)墙面装修简单;(4)墙体拆卸后砌块可重复使用;(5)墙体重量轻;(6)具有显著的经济效益。

(1)葡萄牙 INTER BLOC:

INTER BLOC 是上下、左右四个面互相联锁的建筑砌块,外形尺寸为 400mm×200mm×200mm,空心率 50%(见图1-1)。

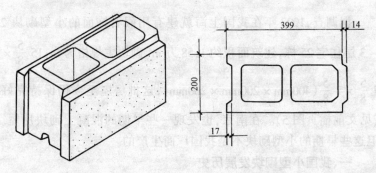

图 1-1 INTER BLOC

干砌的 INTERBLOC 墙体的抗压强度约为 3.0MPa,可建造四层以下的住宅,墙体重 2900kg/m²,与一般施工方法相比可节省费用 40%。

(2)瑞士 ESSBLOC：

ESSBLOC 砌块壁上下面与左右面呈企口形,砌筑时通过上下、左右四个面企口相互联锁,主规格尺寸为 400mm × 200mm × 200mm。ESSBLOC 混凝土强度等级为 25~30MPa,砌块抗压强度为 8.0MPa,砌体抗压强度为 2.75MPa,适用于五层以下房屋的承重墙(干砌),五层以上房屋可做填充墙,比普通砌筑墙体系的总费用要少 30%~35%。

(3)法国 SISMIBLOCK：

SISMIBLOCK 的上下两个面凹凸,左右两个面呈燕尾榫接,原材料用水泥膨胀粘土等,经压力机加压成型,砌块厚度为 200mm,密度为 600kg/m³ 时,其导热系数为 0.27W/m℃。1979~1980 年 SISMIBLOCK 建筑已在西班牙建造,哥伦比亚从 1983 年起建造了 2000 栋房屋,波哥大兴建了 3500 栋房屋,到 1986 年,已建成的 SISMIBLOCK 住宅达 52000 栋,工程费用可节约达 50%。

第二节 国内混凝土小型空心砌块发展概况

据调查,1923 年在我国上海就建有用假石饰面的小型砌块 2~3 层住宅 25 栋,建筑面积约 1.58 万 m² 砌块主规格为 in: $15\frac{5}{8} \times 7\frac{5}{8} \times 7\frac{5}{8}$ (400mm × 200mm × 200mm),这批房屋至今仍保持完好(见文前插页图 5)。在南京,也发现一些早期的混凝土砌块房屋。但这些早期的小型砌块不是我国厂商生产的。

一、我国小型砌块发展历史

我国自己生产的混凝土小型砌块始于 1945 年前后。当时,从美国进口了 10 多台斯梯恩公司(Stearn's Co.)的固定式砌块成型机,分散在南京、北京、杭州等地,生产煤渣混凝土小砌块,用于填充墙与围墙。因当时我国水泥产量少,砌块成本高,未能大量推广应用。

1. 我国小型砌块生产的起步阶段

50年代末,我国贵州、广西两省由于山多土少,开始自行发展小砌块。当时,贵阳水泥厂生产小型砌块用于平房建筑。1959年,广西南宁、河池等地,用湿碾自然养护工艺,振动台成型,生产粉煤灰(煤渣)空心砌块和密实砌块。1960年,南宁首次建成一栋三层粉煤灰空心砌块试验楼。

1974年开始,广西河池区把小砌块作为一种建筑结构体系,推行190砌块系列(主规格尺寸为390mm×190mm×190mm),并研制出移动式小砌块成型机天峨76—Ⅰ型,短短几年内,整个地区10个最小型砌块建筑迅速发展。1979年,南宁市建成一栋六层小砌块办公楼,建筑面积5645m²。

70年代,贵州省小型砌块也上了一个新的台阶。贵州省建筑设计院与中国有色第七建设公司提出了小型砌块块型设计,编制了小型砌块定型图(黔Q—02)和(黔Q—05),在省建委和省建材局领导下,编制了贵州省《小型混凝土空心砌块质量试行标准》(SBJ1—79)及《小型混凝土空心砌块结构设计及施工规程》(GZJ2—79)。

2. 我国小型砌块的推广阶段

进入80年代,我国小型砌块生产和应用由南向北逐步推广。1982年中国砌块工业协会正式成立,贵州、广西、四川、安徽、河南、辽宁、吉林等砌块分会相继建立,小砌块建筑的设计、施工、生产、科研全面启动,我国小型砌块的生产和应用步入了一个新的阶段。

(1)小砌块的产量、品种有了发展。表1-4列出了1981年~1990年各年全国混凝土砌块的产量,平均每年以20%左右的速度发展。

我国混凝土砌块估计产量 (万 m³) 表1-4

年 份	1981	1982	1983	1984	1985	1986	1987	1988	1989	1990
产 量	120	160	210	270	350	410	470	520	570	600

当时,承重小型砌块有 190mm 系列和 140mm 系列。其强度为 MU3.5、MU5、MU7.5 和 MU10 四种,个别高层砌块建筑,砌块强度达 MU20。

与此同时,各种轻质小型砌块发展较快,许多大中城市利用煤炉渣生产煤渣小砌块,吉林、黑龙江等地生产火山渣、浮石砌块,这些轻质砌块主要用于框架结构填充墙。为了改善砌块的热工性能,在北方地区还研究生产二排孔、三排孔以及四排孔轻质砌块。

除了墙体砌块外,各种专用砌块和功能砌块如圈梁砌块、门窗过梁砌块、楼(屋)面砌块、柱用砌块、吸声砌块等相继得到应用。装饰砌块也在少数大中城市研制。

(2)砌块成型设备有了提高。国营四川绵竹机械厂是我国 80 年代发展最快的专业生产小砌块生产机的厂家,当时全国各地大部分小砌块生产厂均使用该厂产品,对我国小型砌块的发展起了十分重要的作用。由中国建筑东北设计院设计,广州光华建材机械厂制造的 SBM—5 型全自动固定式砌块成型机是我国自行设计、制造的第一台现代化的砌块生产设备。

80 年代我国还直接从国外引进一些小型砌块自动化生产线。有意大利 ROSA COMETTA 公司 SYNTHESIS 型和 MARATHON 小砌块生产线;有美国 COLUMBIA 公司 M—22 型砌块生产线;美国 BESSER 公司 Bescopac 砌块生产线;原联邦德国 MASA 公司 R6001 型、HESS 砌块生产线;日本虎牌砌块生产线等 10 多条。

(3)小砌块科研工作步入新阶段。

80 年代我国小型砌块科研工作的重点是轻骨料砌块、粉煤灰砌块的应用及小型砌块砌体的力学性能和抗震性能方面的研究。

四川省建筑科学研究院、河南建材研究设计院等对小型砌块砌体、受压构件的力学性能、墙体的抗侧力进行了试验研究;

吉林、黑龙江两省则对浮石、火山渣、陶粒小型砌块砌体的力学性能、受压构件的承载力进行了试验研究,这些都为小砌块建筑的设计应用打下了良好的基础。

(4)小砌块建筑开创了新的发展方向。

80年代我国小砌块建筑的发展有四个特点：

1）小砌块建筑由城镇和中小城市向大中城市发展。

2）小砌块由单体建筑向群体、住宅小区发展。文前图6为浙江绍兴市80年代初期建成的一个小砌块住宅小区。

3）小砌块建筑由非地震区向地震区发展。1985年，在四川峨边县、安徽五河县等地震区曾建造过4～5层抗8度地震烈度的小砌块住宅。

4）小砌块建筑由多层向高层发展。南宁市于1983年和1986年先后建成10层的砌块住宅楼和11层小砌块办公楼（见文前图7）。该楼1～7层用MU20砌块、M10混合砂浆，8～11层用MU20砌块、M7.5混合砂浆。每层楼面处均设置现浇圈梁，在预应力空心大楼板上铺4cm厚双向钢丝网细石混凝土，使与同层楼面圈梁及芯柱同时浇注混凝土。

此外，辽宁省本溪市也于1986年建成两幢8～10层小砌块住宅楼，每幢建筑面积5996m^2，外墙用290mm的三排孔砌块，内墙用190mm的砌块，1～5层为MU15砌块、M10砂浆，6～10层为MU10砌块、M5砂浆。

80年代，有关小型砌块的技术立法工作取得了进展。先后制定了JGJ14—82《混凝土空心小型砌块建筑设计与施工规程》、GB4111—83《混凝土小型空心砌块检验方法》、GB8239—87《混凝土小型空心砌块》GB8533—87《小型砌块成型机分类》、GB8534—87《小型砌块成型机技术条件》、GB8535—87《小型砌块成型机试验方法》等。

3．我国小砌块建筑全面发展阶段

进入90年代，我国对发展小砌块建筑制订了必要的技术政策，小型砌块无论从产量、生产技术水平、科学研究的水平，还是建筑设计与施工都进入全面发展阶段。

(1)制订并贯彻发展小砌块建筑的技术政策。

1988年2月，国家建材局、建设部、农业部、国家土地管理局关于《严格限制毁田烧砖积极推进墙体材料改革的意见》和1991

年9月在哈尔滨召开全国墙体材料革新和节能工作会议,制订了《墙体材料革新与建筑节能"八五"规划实施纲要》。

各地对贯彻二部二局通知,积极推广小砌块建筑十分重视。北京市1990年~1996年曾多次发文对限制使用实心粘土砖、积极推广小砌块建筑作了规定。1999年3月北京市城建委、规委和地方税务局联合发出"京建法〔1999〕81号"文,要求自1999年7月1日起,北京市城区和郊县在开发住宅小区和新建房屋工程时,基础以上及围墙一律停止使用实心粘土砖。

另据2000年6月21日《中国建材报》报导,中央有关部局已联合发出〔1999〕295号文,明确规定自2000年6月1日起全国各直辖市、沿海地区大中城市和耕地不足的共160个城市将限时禁止使用实心粘土砖。由于小型空心砌块在节地、节能、利废、施工灵活等方面的突出优势,预计在今后墙体技术改造和经济适用型住宅建筑中将起到重要作用。

以北京市为例,近年北京市的小砌块建筑有了很大发展,已建和在建的小砌块建筑群很多,如望京小区7层住宅楼、绿岛白帆俱乐部会议中心(文前图8)、南苑宏星住宅小区、北京良乡金鸽园别墅(文前图9),以及一些公共建筑、工业厂房等,建筑面积共计约100多万m^2。

从全国来看,自二部二局通知发布以后,小砌块建筑发展势头很好,1998年全国建筑砌块总产量已经达到3500万m^3,砌块建筑面积约为8000万m^2。

(2)配筋砌块和高层砌块建筑研究工作有很大发展。

1992年,辽宁省科委下达了配筋小砌块中高层建筑的研究和编制地方性技术规程的通知,由中国建筑东北设计院、清华大学、哈尔滨建筑大学等单位参加,完成高强砌块砌体力学性能、不同灌孔率、不同配筋率砌块墙体正、斜截面强度试验、砌块高悬臂剪力墙抗震性能试验、砌块多层及高层建筑抗倒坍、砌块高层建筑砂浆和灌芯混凝土等试验研究。

1995年,上海在市建委和市墙改办支持下,成立了混凝土空心砌块建筑配筋砌体试点工程的试验研究课题。由上海市住总集团总公司、同济大学、上海建科院等单位参加,对用190mm厚小型砌块建造18层高层住宅进行系统全面的研究,内容涉及:砌块类型、高强砌块材性、高强砌筑砂浆、高强芯柱混凝土、墙体受压、墙体抗剪以及对高层砌块建筑的设计理论与方法等进行研究,并建成我国第一幢18层小砌块住宅楼(见文前图10)。

(3)小型砌块的技术立法工作进一步完善。

随着小型砌块的试验研究,生产技术、建筑设计、结构体系的研究、施工技术的进展,相应的立法工作也进一步完善,陆续制定和修改的规程、标准有:

《轻集料混凝土小型空心砌块》(GB15229—94)。

《混凝土小型空心砌块建筑技术规程》(JGJ/T14—95)。

《混凝土小型空心砌块试验方法》(GB4111—1996)。

《普通混凝土小型空心砌块》(GB8239—1997)。

《小型砌块成型机》国家标准,将原GB8533—87《小型砌块成型机分类》、GB8534—87《小型砌块成型机技术条件》、GB8535—87《小型砌块成型机性能试验方法》三项国家标准修订合并为一项标准。

《砌块专用砂浆》、《芯柱混凝土》、《粉煤灰小型空心砌块》行业标准将由中国建筑材料科学研究院编制。

《混凝土小型空心砌块块体》96SJ102(一)、《混凝土小型空心砌块墙体建筑构造》96SJ102(二)、《混凝土小型空心砌块墙体结构构造》96SG613(一)、(二)已由中国建筑标准设计研究所编制发行。

二、21世纪我国小砌块建筑的展望

20世纪末,我国小砌块建筑的发展已经展示出大好的局面。无论从国家制定的产业政策、技术立法工作、科学研究的深度、广度,还是从小砌块生产技术的发展、砌块生产设备的水平、设计单位和施工企业掌握砌块建筑技术的程度都已经具备小砌块建筑全面发展的条件。在多层建筑,小砌块结构将逐步代替砖混结构,成为主要的建筑体系;在中、高层建筑,小砌块住宅将成为和现浇钢筋混凝土大模板住宅同时并存的两大建筑体系；在公共建筑，带装饰的小砌块，由于价格低于各种幕墙饰面，而且造型和颜色多样化，将具有良好的发展空间。

必须指出的是，小砌块建筑的发展还存在一些问题，还有大量的研究、设计、生产和施工问题需要解决，还要进一步完善规范、规程、图集的编制，并进一步开展技术培训工作等。展望21世纪，小砌块建筑的发展趋势是：

1. 提高砌块质量，生产多种规格、品种的砌块

目前，我国很多小砌块生产厂尚处于粗放式生产阶段，有相当数量的企业还没有完善的产品质量保证体系，计量手段不尽完备，拌制混凝土时随意性较大，试验设备不完善、制度也不健全。因此，小砌块生产厂应根据市场需要：(1)保证砌块原材料质量；(2)选用价格性能比较优良的生产设备；(3)严格控制混凝土配合比；(4)完善小砌块生产质量保证体系。

随着小砌块建筑的发展，190mm系列、90mm系列的小砌块已满足不了砌块建筑的需要，也不能充分发挥小砌块自身的优势，砌块生产厂应根据用户要求及建筑、结构和其他功能需要生产各种品种规格的砌块。

今后应注意发展装饰砌块、用于高层建筑的配筋砌块、保温承重复合砌块、装饰保温承重砌块、联锁式快建砌块和多功能砌块等。使小砌块家族中的各类砌块充分发挥其优势，为砌块建筑的腾飞打下良好的基础。

2. 加强小砌块建筑技术的研究

(1)建立完善的配筋小砌块砌体结构设计理论：

多层大开间小砌块建筑，中、高层小砌块建筑均涉及配筋小砌块砌体结构设计理论。目前，关于配筋小砌块结构设计的研究应用有：1)参考美国、加拿大等国家的研究成果和设计资料；2)沈阳、上海、南宁、北京等地区在试验研究的基础上，进行中、高层配筋小砌块结构设计。"十五"小砌块住宅建筑体系研究课题中，将系统地研究构件静力计算理论，墙体在低周反复荷载作用下的性能研

究,整体建筑的抗震性能研究,在此基础上建立完善的配筋小砌块结构设计理论和规程。

(2)深化研究小砌块墙体开裂机理、完善防裂措施:

众所周知,小砌块建筑墙体的裂缝是制约小砌块建筑发展的瓶颈,是导致某些地区小砌块建筑下滑的主要原因之一。目前对多层砌块房屋变形裂缝的成因进行了不少的研究,《混凝土小型空心砌块建筑技术规程》(JGJ/T14—95)中也提出了墙体防裂的主要措施。要根治小砌块墙体裂缝的出现,必须对墙体的变形裂缝、受力裂缝和基础不均匀沉降裂缝进行深化研究,防裂的措施要进一步完善。

(3)解决好墙体保温、隔热问题:

用不同的保温材料对小砌块建筑墙体的内保温、外保温方案,已经进行了很多试验研究,有些方案在工程中应用并取得了一定的成效。但根据不同地区、不同的墙体保温要求,选择不同保温材料,采用不同的保温方案(内、外保温、墙体夹心保温等),要解决好经济合理、保温性能好、施工方便、墙体不裂、管道施工和二次装修问题等方面,还要深入进行试验研究和工程实践。

3. 进一步完善和编制各种"规范"、"规程"和"图集"

从目前小砌块建筑体系的发展趋势看,"规范"、"规程"和"图集"中以下内容需要进一步完善:(1)配筋砌块构件的计算理论;(2)多层、中、高层砌块建筑的抗震计算理论和构造措施;(3)墙体保温方案和构造措施;(4)墙体防裂的构造措施;(5)芯柱和砌筑、抹灰砂浆的材料和施工工艺;(6)小砌块建筑的施工验收和质量标准;(7)各种类型小砌块建筑的构造图集等。

4. 大力开展小砌块建筑技术的培训

小砌块建筑技术涉及:建筑设计、建筑物理、结构设计、建筑材料和施工技术多学科的综合性技术。让建筑开发商和使用单位了解小砌块建筑有很多其他建筑体系不具备的优势;使建筑师们了解小砌块建筑使建筑艺术向高层次方向发展;使结构工程师们了解小砌块结构体系可适用于村镇、快速建房、多层大开间、中、高层和公共建筑等；使施工、监理工程师了解到小砌块建筑是一种新的建筑体系，需要全面了解这种体系的建筑技术，才能保证施工质量。

小砌块建筑的设计与施工既类似于砖石结构，但又有自身的特点，不能照搬或摹仿砖石结构的规定和做法。今后，随着各地逐步禁止使用实心粘土砖，小砌块建筑设计施工人员的技术培训工作必须加强，只有使设计施工人员及操作工人真正了解小砌块建筑的技术特点，正确掌握它的设计和施工要领，建造的砌块建筑物才能符合使用功能要求，才会受到用户的欢迎，才有利于推动小砌块建筑的发展。

展望21世纪，将是我国小砌块建筑从农村到城市、从海南到黑龙江、从新疆到沿海地区，全面、高速发展的新时期，是替代砖混结构主要的结构体系，是中、高层建筑、公共建筑现有结构体系最有力的竞争体系。

第二章 小砌块建筑的墙体材料

第一节 综　述

无论是配筋或非配筋（无筋）混凝土小型空心砌块，其砌体结构都是用以下四种材料组砌而成：

1. 混凝土小型空心砌块

混凝土小型空心砌块（以下简称砌块）分普通砌块和装饰砌块两大类，前者以承重为主，后者兼有承重和装饰作用。混凝土小型空心砌块的形状、尺寸、强度等级、颜色和外观纹理等花样繁多，可满足设计人员和建设单位的多种需求。

2. 砌筑砂浆

砌筑砂浆的作用是将砌块粘结成整体，共同承受一定的垂直荷载和小平荷载（作用）。一般情况下砂浆只铺设在砌块的侧壁和端部。当砌块砌体为部分灌芯柱结构时，为避免芯柱混凝土横向流失，该孔的横肋也应铺设砂浆；有时为了提高砌块砌体的承载力，也将砌块的全部连接面（侧壁和横肋）都铺上砂浆。

3. 芯柱混凝土

芯柱混凝土是一种大流动性胶结材料，灌入砌块孔内后将砌块砌体和钢筋连接成整体，使三种材料（砌块、砂浆和钢筋）共同工作。

4. 钢筋和钢筋网片

在砌块砌体内配筋有三种作用：

(1) 改善砌块砌体的性能，变脆性材料为延性材料。

(2) 提高砌块砌体的承载力（抗剪、抗压和抗弯）。

(3) 防止砌块砌体结构开裂等。

砌块砌体的竖向配筋均设于砌块的竖孔内，一般情况下是每个孔内配一根钢筋，有时也放二根。水平钢筋，当直径小于等于 $\phi6$ 时，可放在水平灰缝内；当钢筋直径大于 $\phi6$ 时，应设在砌块横肋的凹槽内；在很多情况下，也可以用 ϕ^b4 的钢筋网片代替水平配筋。

混凝土小型空心砌块砌体的施工程序是先用砂浆将砌块砌起来。一定不要忘记，砌筑砌块时，砌块壁和肋的宽面向上，即所谓"倒砌"。在砌筑过程中，砌块的孔要上下对准，边砌砌块，边铺设水平钢筋（或网片）；垂直钢筋的设置，可有两种方式，第一种方式是先将垂直钢筋就位，砌块从垂直钢筋上套砌下来，也可用单端开口或两端开口的砌块，绕垂直钢筋旋转砌筑就位，这种方式的优点是可以将垂直钢筋与水平钢筋绑扎在一起，利于钢筋定位，缺点是开口砌块的成品率不高；第二种方式是待砌块砌体砌到一定高度后再把垂直钢筋插入砌块孔内，在清扫口处将上下钢筋绑牢，其优点是施工方便，但缺点是钢筋定位不牢，有走位可能，影响砌体的承载力。无论是哪种垂直钢筋的施工方式，都必须待砂浆具有一定强度后，才可以向砌块孔内灌芯柱混凝土。

第二节 混凝土小型空心砌块

混凝土小型空心砌块是用普通硅酸盐水泥、砂石骨料和水按一定比例混合搅拌，用金属模具，在成型机上加压振捣而制成的混凝土制品；在做饰面砌块时，还需加入适量的无机颜料和外加剂；高档的饰面砌块还需要用白水泥和彩色砂石骨料。

一、小砌块的块形

混凝土小型空心砌块的主要规格有：标准块、半块、一端开口块、两端开口块、圈梁块、开口圈梁块、过梁块、壁柱块和独立柱块等，具体尺寸和形状见图 2-1 至图 2-5，有时还需要做七分头砌块。

装饰砌块近年来得到了很大的发展，深受建设单位和建筑师

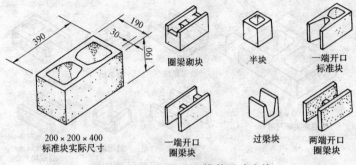

图 2-1 200×200×400 模数尺寸砌块

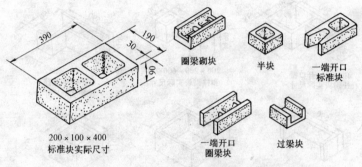

图 2-2 200×100×400 模数尺寸砌块

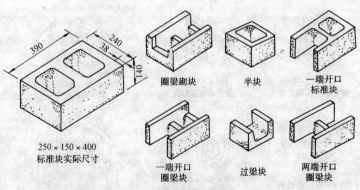

图 2-3 250×150×400 模数尺寸砌块

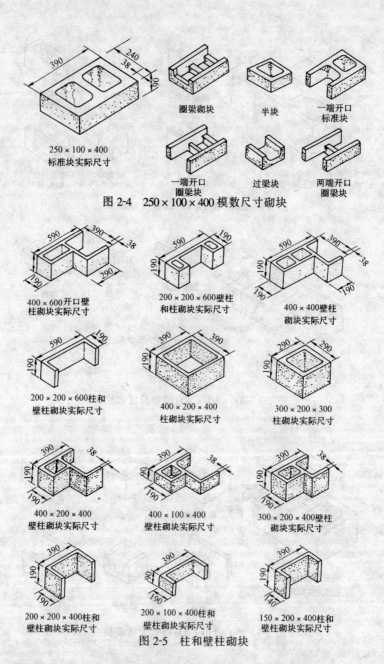

图 2-4　250×100×400 模数尺寸砌块

图 2-5　柱和壁柱砌块

的厚爱，其中用的较多的为平面劈裂块和条状劈裂块和模具直接成型的其他饰面砌块，见图2-6、图2-7。

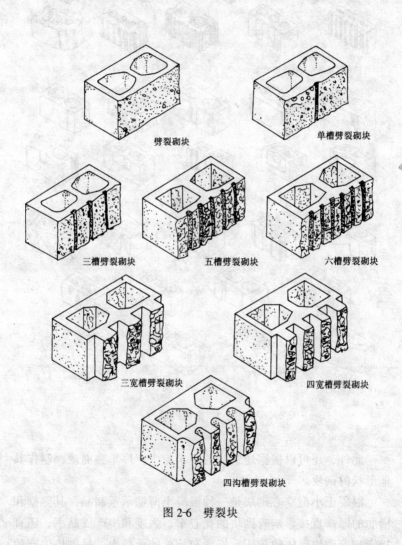

图2-6 劈裂块

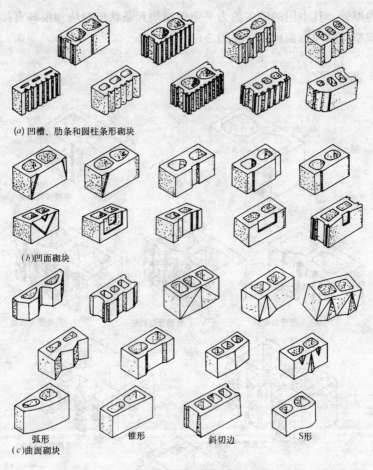

(a) 凹槽、肋条和圆柱条形砌块

(b) 凹面砌块

弧形　　　锥形　　　斜切边　　　S形
(c) 曲面砌块

图 2-7　饰面砌块

此外，还可以根据建筑师的要求与生产厂单独商谈，制作其他形状的砌块。

混凝土小型空心砌块是一种混凝土薄壁承重制品，其侧壁和横肋的厚薄直接影响着砌块的孔心率、强度和生产成品率，还直接影响着砌块砌体的抗压、抗弯和抗剪的承载力，是砌块生产的重要指标，我国颁发的砌块生产标准《普通混凝土小型空心砌块》(GB8239—1997)规定砌块的侧壁和横肋不得小于表2-1的限值。

砌块侧壁和横肋的最小厚度　　　　　表2-1

砌块模数宽度 (mm)	砌块实际宽度 (mm)	砌块侧壁最小厚度 (mm)	砌块横肋最小厚度 (mm)
100	90	30	25
150	140	30	25
200	190	30	25
250	240	38	28

二、小砌块的基本要求

1. 外观尺寸误差要求

砌块是由金属模具压振成型的,一般在外形尺寸上,外观质量上是能满足要求的。但由于反复使用后,模具磨损严重,有时也会出现尺寸误差,给施工带来困难。

按外观质量,砌块可分为优等品、一等品和合格品,具体规定见表2-2。

砌块等级划分表　　　　　表2-2

检 查 项 目	合格指标 (mm)		
	优 等 品	一 等 品	合 格 品
尺寸的允许偏差:			
长　度	±2	±3	±3
宽　度	±2	±3	±3
高　度	±2	±3	+3、-4
最小外壁厚度	30	30	30
最小横肋厚度	25	25	25
弯　曲≤	2	2	3
缺棱掉角:			
个　数≤	0	2	2
三个方向投影尺寸之最小值≤	0	20	30
裂纹延伸的投影尺寸累计＜	0	20	30

2. 强度要求

砌块的强度等级根据用户要求进行生产。工厂应根据来料（水泥、砂、石子）进行优选级配。通常情况下，工厂生产MU7.5和MU10的砌块。影响砌块强度的因素有：水泥强度和用量；砂石的级配、砂石强度和含泥量以及外加剂等。普通砌块水泥用量和砂石骨料的重量比变化在1:8至1:12之间，劈裂砌块水泥用量要大些，变化在1:5至1:7之间。砌块强度等级约等于0.4倍混凝土的强度。

我国砌块生产标准《普通混凝土小型空心砌块》（GB8239—1997）规定了六种强度等级，其要求见表2-3。

砌块抗压强度等级（MPa）　　　　　　　　　　表2-3

强度等级	抗压强度≥	
	五块平均值	单块最小值
MU3.5	3.5	2.8
MU5.0	5.0	4.0
MU7.5	7.5	6.0
MU10	10	8.0
MU15	15	12.0
MU20	20	16.0

3. 相对含水率

混凝土小型空心砌块不同于粘土砖和天然石材的一个很大特点，就是它的干缩性较大，即随着水分的丢失，其体积收缩较大，容易造成墙体的开裂，因此，在砌块出厂时均必须附有相对含水率报告，不合格的不许出厂。我国地域辽阔，各地区的年平均相对湿度千差万别，在不同地区要求砌块出厂时应有不同的相对含水率，且砌块含水率与砌块的线性干缩有着直接关系，见表2-4。

砌块含水率最大允许值及与线性干缩的关系　　表 2-4

线性干缩系数 (%)	允许最大含水率以吸水率的%表示		
	年平均相对湿度		
	>75%	50%~75%	<50%
≤0.03	45	40	35
0.03~0.045	40	35	30
0.045~0.065	35	30	25

注：砌块最大含水率是指 3 块砌块的平均值。

年平均相对湿度大于 75% 的地区称为潮湿地区，年平均相对湿度变化为 50%~75% 的地区称为中等潮湿地区，年平均相对湿度小于 50% 的地区称为干燥地区。

控制砌块含水率的主要原因是为了限制砌块在损失水分时的收缩量。在干燥地区，由于大气的相对湿度较低，砌块中的水分会散失的更多更快，收缩量也会更大，故在干燥地区，砌块的最大允许含水率定的要小于潮湿地区。

4. 抗渗要求

不是对所有砌块都规定有抗渗要求，只对用于外墙的、潮湿房间的砌块才有抗渗要求。这主要是为了防止长时间风将雨刮向墙面时，由于砌块吸水，造成室内墙面潮湿或泗水；在潮湿房间内，由于空气湿度过大或地面用水，砌块吸收大量水分，造成隔壁房间潮湿。由于抗渗砌块不吸水或吸很少的水，它与大流动性芯柱混凝土之间的连接会低于非抗渗砌块，因此，在该用抗渗砌块的地方，如外墙就必须采用抗渗砌块，在可以不用抗渗砌块的地方就尽量不用。根据我国《混凝土小型实心砌块试验方法》(GB/T4111—1997) 中对抗渗砌块有如下要求：首先将三块砌块试件泡入水中 2.0h，然后将砌块从水中提出，用湿布擦干表面水分，在抗渗仪中加 300mm 的水压，30mim 后，其水面下降量，三块中任一块不得超过 10mm。

5. 抗冻要求

在采暖地区采用混凝土小型空心砌块作承重结构时，才对砌块有抗冻要求，即砌块应满足 15 次或 25 次冻融后，其质量损失不大于 5%，其强度损失不大于 25%。当在非采暖地区采用混凝土小型空心砌块时，对砌块则不做上述要求。

6. 纹理要求

砌块的纹理有三种，即粗纹理、中纹理和细纹理。工厂根据不同的要求，用调节配比来实现。施工中，当墙面不再作任何饰面装修时，根据它们的不同风格应选用细纹理砌块或中纹理砌块；当墙面要作粉刷时，则要采用粗纹理砌块，以便于挂灰，因为采用细纹理砌块粉刷层粘不到砌块上，需要先刷界面剂，然后再作粉刷层，这样做既浪费资源，又延长工期，但有时建筑师为了追求粗糙的效果，也有直接采用粗纹理砌块而不再做粉刷层的。

7. 饰面砌块的其他要求

混凝土小型空心饰面砌块，除应满足上述要求外，在外观上还应满足下列要求，如表面颜色和骨料分布必须均匀、表面不得有裂纹和缺陷，并要求在散光条件下，人在 6.0m 处不能发现上述问题；另外，对饰面砌块还要求满足化学稳定性、表面风化稳定性、不污染和可清洗性等。

劈裂砌块在劈裂过程中不得咬肉太多，侧壁最小厚度不得小于 20mm。

第三节 砌筑砂浆

砌筑砌块的砂浆一般均采用混合砂浆，它的和易性和保水性好，当需要用水泥砂浆砌筑砌块时，为了改善水泥砂浆的和易性和保水性，砂浆中要加入一定量的粉煤灰或石灰。混合砂浆能保持砂浆中的水分不蒸发或少蒸发，且含水率高，有利于水泥的水化，也能满足砌块的吸水要求；有利于砂浆粘附在砌块上。石灰在与空气接触时才凝固，使砂浆有较长的凝固时间，有利于用勾缝重新粘合由于收缩引起的发丝裂纹。

砌筑砂浆的主要作用为：
(1) 将砌块粘结成整体；
(2) 在砌筑中使砌块处于同一水平线上，并准确定位；
(3) 保证设计要求的砌体抗压强度；
(4) 保证设计要求的砌体抗剪强度；
(5) 允许砌块之间在砌筑过程中有一定量的弹性变形；
(6) 填嵌砌块的各种小缝；
(7) 加颜料后可做成彩色砂浆，装饰建筑物立面；
(8) 根据设计要求，可做成不同形状的缝；
(9) 当灰缝中配有钢筋（网片）时，可起保护钢筋免受腐蚀作用。混合砂浆的密度不得小于 $1800kg/m^3$，水泥砂浆的密度不得小于 $1900kg/m^3$。

一、砌筑砂浆的基本要求

1. 强度要求

根据目前国内各地配制和使用的情况，砂浆的强度等级可分为5个等级，即 M5.0，M7.5，M10，M15 和 M20 等。当然，在特殊需要的情况下，也可配制 M25 以上的砂浆，但它对配制所用的材料有更严格的要求，在现场配制也较困难。

地震区砌体所使用的砂浆，一般均采用 M7.5 及其以上的砂浆，但也不采用超过 M20 的砂浆，因为高强度砂浆塑性变形差，延性也差。因此，在能用低强度等级砂浆时，一定不要选用高强度等级的砂浆。

2. 稠度要求

砌筑砂浆的稠度是一个很重要的指标，应严格控制，它直接影响着砂浆的和易性，流动性和可操作性，是保证砌块砌体质量的关键性指标，一般均控制在 80±5mm。

3. 保水性要求

保水性是衡量砂浆接触吸水性较差的砌块时保持其塑性的能力。保水性的衡量方法是砂浆的分层度，一般均规定砌筑砂浆的分层度不宜大于 20mm，应控制在 10～20mm 之间。

4. 粘附性要求

这是新增加的一种要求。由于混凝土小型空心砌块的高度为190mm，比粘土砖高，且砌块质地密实平整。与砂浆的粘附力差；又由于砌块与砂浆不是全截面接触，砂浆只铺设在侧壁和端肋处，接触面不足50%，这都要求砂浆必须有较强的粘附性。粘附性的试验方法是将砂浆抹在砌块端肋上，要求砂浆不得掉落。或用桃铲铲起砂浆转90°，砂浆不掉落为满足要求。

5. 抗冻性要求

抗冻性要求实质上是耐久性要求。非采暖地区无冻融问题，因此也无此项要求。对于采暖地区，砂浆应作冻融试验，一般环境作15次，干湿交替环境应作25次试验，其冻融后的质量损失不得大于5%，强度损失不得大于25%。

6. 抗渗要求

用于外墙的砂浆应满足抗渗要求。砂浆的抗渗要求应与砌块相当。砂浆的抗渗性主要用外加剂实现。

二、砌筑砂浆用料要求

1. 水泥

水泥可用普通硅酸盐水泥或矿渣硅酸盐水泥等。水泥是提供砌筑砂浆强度和耐久性的主要胶结料。对于混合砂浆，一般应首选425号水泥❶。当砌筑砂浆的强度等级大于M20时，宜采用525号水泥配置。对于水泥砂浆，当强度等级不甚高时，宜优先采用325号水泥。

2. 石灰

粉状的和膏状的石灰均可采用，石灰是砌筑混合砂浆中不可缺少的胶结料。石灰能增加砂浆的和易性、保水性，使砂浆具有较好的弹性。石灰用量越大，这种性能越好，相反，在石灰用量高时，砂浆的强度就低。

3. 砂

---

❶ 这里指的是原标准《硅酸盐水泥、普通硅酸盐水泥》（GB175—92）。

在砂浆配制中应优先采用中砂，以圆粒砂为最佳，它既能满足砂浆的和易性要求，又能节约水泥，中砂还能保证在砂浆凝固前支承住砌在其上的砌块的重量，便于砌块定位。砂的含泥量是个重要指标，应严格控制。砂的含泥量过高会增大水泥用量，增大砂浆的收缩量，降低耐火等级，影响砂浆强度。砂中还应有5%的0.16mm的微细颗粒，以保证砂浆的和易性和亲水性。

4．掺合料

掺合料主要是指粉煤灰。掺粉煤灰后可以节约水泥，降低成本，改善环保。因此，配砂浆时应尽量采用。

5．外加剂

目前社会上用于砌筑砂浆的外加剂品种很多，都是为了增加砂浆的塑性性能、粘附力、抗渗等，使用时一定要小心，经过试验室试验后方可使用。不要使用氯盐类外加剂，外墙砂浆需加抗渗剂。

6．颜料

当建筑物的外墙或内墙使用彩色饰面砌块时，建筑师会对砌筑灰缝提出颜色要求，此时的砂浆可以是彩色砂浆，砌筑砌块时原浆勾缝，也可以采用普通砂浆砌筑砌块，用彩色砂浆勾缝。为避免彩色砂浆褪色，颜料应采用无机矿物颜料。

三、参考配合比

我国建材行业标准《混凝土小型空心砌块砌筑砂浆》（征求意见稿）提供了表2-5的配合比，供参考。

砌筑砂浆参考配合比（重量比）　　　　表2-5

强度等级	水泥砂浆				
	水泥	粉煤灰	砂	外加剂	水
M10	1	0.32	4.41	加	0.79
M15	1	0.32	3.76	加	0.74
M20	1	0.23	2.98	加	0.55

续表

强度等级	混合砂浆				
	水泥	滑石灰粉	砂	外加剂	水
M5.0	1	0.5	5.8	加	1.36
M7.5	1	0.7	4.6	加	1.02
M10	1	0.5	3.6	加	0.81
M15	1	0.3	3.1	加	0.67
M20	1	0.3	2.6	加	0.53

强度等级	混合砂浆					
	水泥	石灰膏	粉煤灰	砂	水	外加剂
M5.0	1	0.66	0.66	8	1.2	加
M7.5	1	0.42	0.15	6.6	1.0	加
M10	1	—	0.96	6.3	0.8	加
M15	1	0.9	—	4.53	0.75	加
M20	1	0.45	—	4	0.54	加

第四节 芯柱混凝土

芯柱混凝土是用水泥、砂、碎石（豆石）和水按一定比例配制搅拌而成，灌在砌块孔洞内。砌块砌体有插筋的孔内一定要灌芯柱混凝土，这样才能把砌块砌体和钢筋组成一个整体，共同抵御外来的荷载和作用；有时砌块孔内并无插筋；也可以灌实，以期达到：

（1）增大砌体的横截面积，以便承受更大的垂直荷载和水平荷载（作用）。

（2）增强隔声性能，减小相邻房间的干扰。

（3）增强防火性能，提高砌体的防火等级。

（4）增加墙的储能性能，改善居住环境。

(5) 增加墙的重量，改善挡土墙的抗倾覆能力。

一、芯柱混凝土的基本要求

1. 强度等级要求

芯柱混凝土的抗压强度等级可分为四级，即 C15，C20，C25，C30。

芯柱混凝土的强度等级不宜低于 C15，这主要是从满足混凝土与钢筋的握裹力考虑的，也不宜太高，太高了会使砌块砌体的受力变得复杂起来。一般讲，为了能与砌块砌体协调工作，芯柱混凝土的抗压强度等级宜控制在砌块砌体抗压强度的 1.2~1.4 倍上下。

2. 坍落度要求

芯柱混凝土主要用于灌实砌块的孔，由于砌块孔的尺寸比较小，且表面有凹凸不平，不易于灌实，故要求芯柱混凝土必须是大流动性的，其坍落度宜控制在 200~250mm 左右。用于抗渗砌块灌孔的芯柱混凝土，其坍落度取小值 200mm，用于非抗渗砌块灌孔用的芯柱混凝土，其坍落度取大值 250mm。

3. 均匀性要求

混凝土拌合物应均匀，颜色一致，不离析，不泌水，均匀指标应符合表 2-6。

混凝土拌合物均匀性指标　　　　表 2-6

检 查 项 目	指　标
混凝土中砂浆密度两次测值的相对误差	≤0.8%
单位体积混凝土中粗集料含量两次测量的相对误差	≤5%

4. 抗冻性要求

一般情况下，对芯柱混凝土不作抗冻要求。如有要求，则其冻融后的质量损失不应大于 5%，强度损失不应大于 25%。

二、芯柱混凝土的用料要求

1. 水泥、砂、掺合料

水泥、砂、掺合料和水的技术要求与砌筑砂浆相同，用量要经过试验确定。

2．粗集料

用于灌190mm厚砌块的芯柱混凝土，其粗集料粒径为5～15mm；用于灌240mm厚砌块的芯柱混凝土，其粗集料粒径为5～25mm。在芯柱混凝土中，大粒径集料的体积所占的比例越大，水泥用量越少，还可以缩减收缩变形，用粗集料多时，其坍落度还可适当降低至180～200mm。

3．外加剂

芯柱混凝土为大塌落度混凝土，用水量较大，在它凝固的时候会有一定的体积收缩，造成芯柱与砌块之间有孔隙。为减少这种危害，其一是在芯柱混凝土初凝时进行二次振捣，其二是在芯柱混凝土中加微膨胀剂、增塑剂、减水剂等，掺加量及对水泥的适应性均应通过试验确定。

4．芯柱混凝土的参考配合比

我国建材行业标准《混凝土小型空心砌块灌孔混凝土》给有参考配合比，供参考，见表2-7。

芯柱混凝土参考配合比　　　　　　表2-7

强度等级	水泥标号	配合比					
		水泥	粉煤灰	砂	碎石	外加剂	水灰比
C15	325号	1	0.18	2.63	3.63	加	0.48
C20	425号	1	0.18	2.63	3.63	加	0.48
C25	425号	1	0.18	2.08	3.00	加	0.45
C30	425号	1	0.18	1.66	2.49	加	0.42

注：表中水泥按厚标准《硅酸盐水泥、普通硅酸盐水泥》(GB175—92)提出。

第五节　钢筋及钢筋网片

一、钢筋

钢筋分Ⅰ级钢 ϕ 和Ⅱ级钢 Φ，用于配竖向砌块孔内插筋和水平向圈梁内和灰缝内配筋。钢筋的技术要求应符合 GB13013—91 的有关规定，钢筋应有出厂证明书，现场复验合格后方可使用。

二、钢筋网片

钢筋网片是用冷拔钢丝焊接而成，配在砂浆灰缝内。钢筋网片应做重镀锌或磷酸三乙脂防锈处理，内墙钢筋网片也可刷一般防锈漆处理。钢筋网片纵横筋之间不允许搭焊。

第三章 小砌块墙体的建筑设计

承重混凝土小型空心砌块结构已有百余年的历史，属于成熟的建筑结构型式，在世界上得到了广泛的应用。我国自改革开放以来，在政府各有关部门的重视与政策的支持下，混凝土小砌块的生产与应用得到了蓬勃的发展，成为墙体改革的主力军之一，取得了可喜的社会经济效益。

尽管混凝土砌块作为墙体材料具有很多优点：如与粘土砖相比，不毁田、节能、利废、有较好的环境效益；结构自重较轻，整体性好，施工速度快，技术经济指标优于砖墙；在中高层建筑中与钢筋混凝土结构相比其技术经济指标的优越性更为显著，但在砌块建筑的发展中也出现了一些问题，其中比较突出的问题是墙体的裂缝较多、保温隔热效果较差、墙体渗漏，即所谓的"热"、"裂"、"渗"问题，由于存在上述缺陷又未能及时采取有效措施加以解决，在一些地区甚至影响了这一新型墙体材料的进一步推广使用。

"热"、"裂"、"渗"的出现究其原因，最主要的一点是对这一新型墙体材料的特性尚不熟悉，没有深入地了解材料的特性，而在工程实践中，如在设计与施工等各环节中，则简单地将它作为粘土砖的代用品，没有针对它的特性，采取相应的措施来保证建筑物的质量。混凝土小砌块建筑相对粘土砖建筑来讲是一个全新的体系，从块材的生产、块材的尺度、设计模数、材料的物理力学性能、结构计算、施工工艺及组织管理等均有别于我们已使用了几千年的粘土砖。此外，目前砌块建筑的发展很快，作为必要的技术准备，如砌块建筑设计的法规与规范、施工技术规程、材料与成品的检测手段等尚不够系统与完善。这些均需要我们不断地加深认识、总结经验，还要加强系统的科学试验，同时借鉴国外成熟的经验,逐步形成和完善符合我国国情的砌块建筑理论体系及有关的技术文件。

新型墙体材料的应用,为我们建筑设计工作者提出了新的课题,它要求我们了解砌块材料的物理特性,如砌块的热工、隔声及防火等的特性;它的尺寸与合理的设计模数;根据各类建筑不同的要求选择墙体的类型;扬长避短处理好墙身的细部构造等等。特别值得提出的是建筑师应充分利用混凝土砌块材质特有的装饰效果,采用各种纹理的彩色饰面砌块清水墙,创造出独特的,使人耳目一新的砌块建筑风格。

第一节 砌块墙体的分类

混凝土小型空心砌块的墙体根据其组砌的方式可分为:单层砌块墙、夹芯墙、组合墙、饰面围护墙及灌注混凝土砌块墙等。前两种墙体的作法,目前在我国得到了比较普遍的应用。

一、单层砌块墙

顾名思义,单层砌块墙是采用砌块单层排列组砌成的墙体。它可以采用单排孔或多排孔的空心砌块,也可以采用实心砌块(空心率小于或等于25%时)组砌。当采用空心砌块时,砌块卧砌在沿两条纵向壁顶面铺好的砌浆上;当采用实心砌块时,砌浆可以满铺,砌筑方法与粘土砖墙相似。单层砌块墙施工简便,比较经济,在工程实践中得到了广泛的应用(见图3-1)。

单层砌块墙体常用的厚度有(mm):100(90)、150(140)、200(190)、250(240)。可用作承重墙或分隔墙。当用作外墙时,根据各地区保温隔热的要求,常与多种保温材料复合使用,形成内保温、外保温或夹芯保温等各种类型的复合墙体。详见本章第二节。

当墙体承受较大的垂直荷载、地震作用或风荷载时,则在墙体的水平与竖直方向均需按结构计算配置钢筋,形成配筋砌体,以加强其承载力,见图3-1(b)。此时墙体应采用厚190mm以上

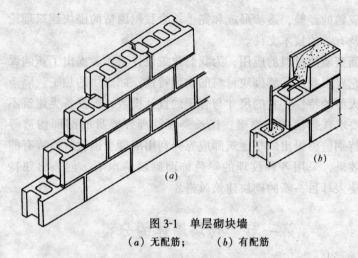

图 3-1 单层砌块墙
（a）无配筋； （b）有配筋

双孔砌块组砌，因为双孔砌块在对孔搭接组砌时，可以形成上下贯通的芯孔，便于配置竖向钢筋、浇灌芯柱混凝土。配筋砌体墙可用于高层砌块建筑的承重墙。值得提出的是当单层砌块墙按构造要求，在芯孔中有插筋时，仍称为无筋砌体。

二、夹芯墙

夹芯墙是由两片独立的墙体组合在一起的（见图3-2）。两片墙间距 20~80mm 不等，一般地用于外墙的组砌。

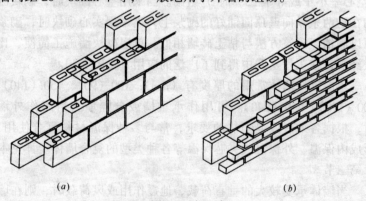

图 3-2 夹心墙
（a）厚90空心砌块组砌；（b）外侧采用饰面实心砌块

夹芯墙的两片墙间用金属件拉接（见图3-3），金属拉接件可采用φ6钢筋制作，并应镀铬防腐。拉接件的水平间距应不大于800mm，竖向垂直间距不大于600mm，上下排间错位布置（梅花式布置）。

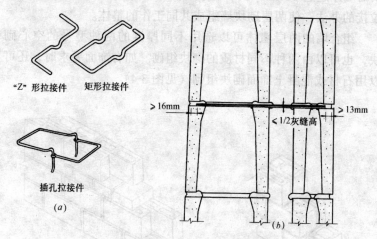

图3-3 夹芯墙的拉结
（a）拉接件； （b）拉结构造

当夹心墙用作外墙时，内片墙可用空心块组砌，称内叶墙，其厚度及配筋按受力条件确定；外片墙可作饰面围护墙，用空心或实心饰面砌块组砌，称外叶墙。外片墙厚度一般采用100（90）mm。

夹心墙的主要优点为：

（1）在两片墙形成的空腔间可以填充轻质材料，从而提高了墙体的保温隔热及隔声的性能；

（2）空腔阻断了室外雨水或潮气穿透墙体的通道，提高了外墙的抗渗性能；

（3）预防内墙面上结露。

空腔内应填充轻质不吸水材料，如聚苯乙烯板、岩棉板、憎水珍珠岩板等，板材应贴于内片墙外侧，外片墙与板材间应设空气夹层，其厚度应大于或等于20mm，用以阻断户外的潮气。

三、组合墙

由于承载力的需要或由于保温隔热的需要而加厚墙体时，在所需墙厚超过300mm时，一般宜采用两层砌块互相咬砌或搭砌拉接的办法，使两层砌块墙组成共同工作的整体。

组合墙的两层墙体可以选用不同厚度的两种型号的空心砌块，也可以由两种不同材质的砌块组砌。如有饰面要求时，还可以用石材或混凝土饰面砌块组砌（见图3-4）。

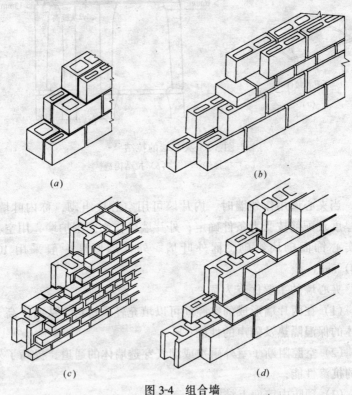

图3-4 组合墙
(a)、(b) 无饰面层组合墙；(c) 小面砖组合墙；
(d) 面层为石材的组砌

四、饰面砌块围护墙

当采用钢木结构体系或混凝土框架体系时，可以用饰面砌块组砌框架的围护墙。饰面砌块墙仅承受自重，并用拉接件锚固在支撑构件上（见图3-5）。

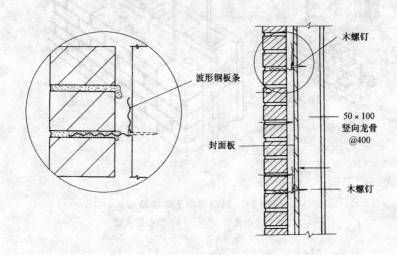

图 3-5 饰面墙

五、现浇混凝土砌块墙

现浇混凝土砌块墙一般是由两层墙组成，两层墙之间留有通长的空隙，在空隙内浇筑素混凝土或配钢筋后浇混凝土。墙体砌块类型的选用根据结构需要确定，可以是空心砌块，也可以是实心砌块。当现浇墙体用作内墙时，两片墙均用空心砌块砌筑；用作外墙时，外侧的墙体可用实心砌块或饰面砌块砌筑。两片墙体均可按需要设置芯柱（见图3-6）。

此类墙体多用于高层砌块建筑。

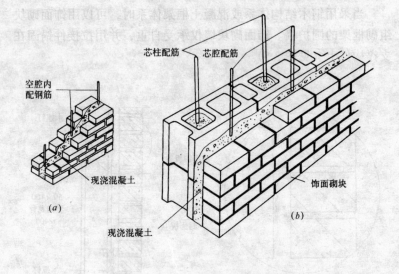

图 3-6 现浇混凝土砌块墙
(a) 实心砌块墙； (b) 空心砌块墙

第二节 小砌块墙体的热工、声学及防火性能

一、小砌块墙体的热工特性

随着对建筑物节能要求的不断提高，墙体保温、隔热的问题已引起了普遍的重视。而混凝土小型空心砌块的热工性能较差，例如，目前大量使用的 200mm 厚单排孔混凝土砌块墙，其热阻值约为 $0.21 m^2 K/W$，保温隔热性能仅相当于 150mm 厚实心粘土砖，距节能墙体的要求有着较大的差距。

（一）小砌块墙体热阻值分析

长期以来，世界各国的科技工作者，在推行这一新型墙体材料的过程中，为提高其热工性能，做了大量的系统的试验研究工作，为我们提供了很多宝贵的技术资料及丰富的实践经验。

单层砌块墙的热阻值[1]（$m^2 \cdot K/W$）　　　表 3-1

墙厚(mm)	空腔填充情况[2]	砌块混凝土的密度（kg/m^3）				
		960	1280	1600	1920	2240
100	填充	0.592	0.491	0.410	0.338	0.201
	空	0.365	0.296	0.247	0.206	0.136
150	填充	0.985	0.808	0.655	0.520	0.280
	空	0.396	0.322	0.269	0.227	0.151
200	填充	1.314	1.067	0.854	0.667	0.349
	空	0.405	0.373	0.308	0.257	0.173
250	填充	1.647	1.314	1.043	0.808	0.414
	空	0.528	0.423	0.347	0.287	0.190
300	填充	1.934	1.532	1.198	0.912	0.456
	空	0.579	0.461	0.377	0.319	0.204

①热阻值内未计入墙内、外表面换热系数。
②孔内填充蛭石或珍珠岩散体保温材料。

表 3-1 引自美国砌块协会的技术资料，它提供了单层砌块墙体不同厚度时的热阻值。每种厚度的墙体又给出了两组数据，他们分别是：用保温材料填充芯孔的墙体与未填充芯孔的墙体时两种不同的热阻值。砌筑墙体所采用的砌块有轻质混凝土砌块及普通混凝土砌块，混凝土的容重由 $960kg/m^3$ 到 $2240kg/m^3$。

由表列数据可以看到：

（1）混凝土空心砌块的热工性能与混凝土的密度有着密切的关系。生产砌块所用的混凝土愈轻，砌块的热阻值愈大，即保温性能愈好。

因此，改善砌块热工性能的途径之一，即是采用轻骨料混凝土生产砌块。由表中数值可以看出，同一厚度的砌块墙，由于混凝土密度的差异，其热阻值可相差一倍以上。

目前我国生产的轻骨料混凝土砌块，由于强度与抗渗性能等不够理想，主要用于非承重墙（隔墙及框架填充墙）的砌筑。轻质高强的砌块尚待进一步研究开发。

(2) 砌块墙的芯孔内填充保温材料后，其热工性能会有明显的提高。但在实际工程中，由于墙体内不可避免地要设置芯柱、圈梁等构件，从而形成"热桥"，既降低了墙体的保温隔热性能。又使热桥内表面形成结露。

(3) 用单纯加厚墙体的办法来改善墙体热工性能其收效是很有限的。如密度 2240kg/m³、厚 200mm 墙与厚 100mm 墙相比较，其热阻值仅增加了 $0.037m^2 \cdot K/W$（27%）；而厚 300mm 墙与厚 100mm 墙相比，仅增加了 $0.068m^2 \cdot K/W$，即厚度增加了 2 倍而热阻值仅增加了 50%。

如果将墙体的构造做些变化，将单层砌块墙改为夹芯墙时，则由表 3-2 可以看到：厚 250mm 的夹芯墙，其热阻值为 $0.442m^2 \cdot K/W$，它比同样厚度的单层砌块墙的热阻值 $0.190m^2 \cdot K/W$ 大了 2.3 倍。在夹芯墙空腔填充保温材料后，热阻值达到了 $1.125m^2 \cdot K/W$，它比用保温填充芯孔的 250mm 厚墙的热阻值 $0.414m^2 \cdot K/W$ 大了 2.7 倍。

砌块夹芯墙的热阻值[1] （$m^2 \cdot K/W$）　　　　表 3-2

墙　厚 (mm)	芯孔填充状况[2]	砌块混凝土容重 (kg/m³)				
		960	1280	1600	1920	2240
250 (100 空心砌块 / 50 夹芯 / 100 空心砌块)	填充	1.583	1.446	1.347	1.266	1.125
	空	0.90	0.763	0.664	0.583	0.442
350 (150 空心砌块 / 50 夹芯 / 150 空心砌块)	填充	1.497	1.349	1.243	1.159	1.007
	空	0.963	0.815	0.71	0.625	0.474
350 (100 实心面砖 / 50 夹芯 / 200 空心砌块)	填充	1.187	1.155	1.09	1.039	0.955
	空	0.653	0.622	0.557	0.505	0.421

[1]热阻值内未计入墙内、外表面换热系数。
[2]芯孔内填充蛭石或珍珠岩保温材料。

(二) 常用保温隔热外墙构造

目前我国砌块建筑中常用的保温隔热外墙构造有：

1. 采用多排孔砌块改善其热工性能

190mm厚双排孔砌块的热阻为$0.24m^2 \cdot K/W$，比190mm单排孔砌块的$0.21m^2 \cdot K/W$略有提高，相当于175mm厚的粘土砖墙的热工性能。240mm厚三排孔的砌块其保温性能可与240mm厚的砖墙持平，但隔热性能不如240mm厚粘土砖墙。单纯靠增加砌块芯孔的排数来提高其热工性能，一则会加厚砌块，使砌块加重而不便于施工；其次多排芯孔使砌块的成型变得复杂，所以将多排孔砌块用于对保温隔热要求较高的墙体上有一定的难度。

2. 复合墙构造

砌块与高效保温材料结合的复合墙。按保温材料所在的位置，又可分为内保温墙、外保温墙和夹芯保温墙。

（1）内保温墙：

内保温墙是在外墙的内侧贴砌保温材料。常用的保温材料有：石膏或水泥加强面层的聚苯乙烯板、水泥聚苯板、充气石膏板、轻钢龙骨石膏板内填岩棉等。调整保温层的厚度，可使其热工性能达到不同地区对外墙保温隔热的要求。此种墙体构造不可避免地存在着"热桥"，从而降低了保温材料的使用效率（约为70%~75%）。解决热桥的构造做法比较复杂，同时保温材料在墙的内侧又占用了使用面积。

由于内保温墙施工比较方便、造价比较低，所以现在仍在广泛地使用。

（2）外保温墙：

保温材料置于外墙的外侧。常用的保温材料有加气混凝土板、聚苯乙烯加饰面加强层、钢丝网水泥聚苯板（舒乐舍板或泰柏板）。此种构造可避免热桥的产生，充分发挥保温材料的热效率，（可高达95%以上）。它在墙体的保温与隔热方面均可达预期的效果。同时保温层还保护了主体结构，使其避免产生较大的热应力，增加了主体结构的耐久性。

但由于强度较低的保温层在外侧，为保护保温层，提高外墙面的耐久性，在罩面材料的选用及施工操作上都有较严格的要求。

(3) 夹芯保温墙:

保温材料置于二片砌块墙中间的空腔中。常用的保温材料有聚苯乙烯板、岩棉板、水泥珍珠岩板等。一般的墙体构造为内侧采用 190mm 厚承重砌块,外侧为 90mm 厚自承重空心砌块,中间空腔宽度等于保温材料厚度加 20mm 空气隔层。

此类墙体具有较好的保温隔热性能,保温材料的热效率可达 85%~95%。它具有外保温墙的优点:内侧的承重墙得到了很好的保护,减少了热桥;同时空腔的存在还提高了墙体的抗渗性。特别是当外侧墙片采用饰面砌块时,在墙体的砌筑过程中一举解决了外墙的装修问题,可减少工序、节约工时,并使外墙获得了耐久可靠的饰面层。

这种构造的墙体,在寒冷及严寒地区的建筑中已得到较广泛的应用。

二、小砌块墙体的声学特性

为防止噪声的干扰,给工作与生活提供一个安静的环境,规范中对各类建筑的墙体、楼板提出了不同的隔声要求。如《住宅隔声标准》(JGJ—11—82)中对分户墙与楼板的空气隔声规定为:

分户墙与楼板的空气隔声标准 (dB)　　　　表 3-3

空气隔声等级	隔声指数 L_a
一 级	≥50
二 级	≥45
三 级	≥40

声音为振动波,其传播的速度与介质的质量及弹性有关。墙体的隔声性能随着墙体重量的增加而加强,随着孔隙率(空气渗透能力)的加大而减小。混凝土空心砌块墙由于材料本身具有较大的质量与刚度,特别有利于降低噪声。如目前我国生产的

190mm厚单排孔混凝土砌块,其面密度约为220~285kg/m²,由其组砌的200mm厚墙体双面抹灰后,它的空气隔声指数可达43~47dB。表3-4~表3-9给出了不同厚度的砌块墙的隔声指数,可供设计参考。

150mm厚混凝土空心砌块墙的隔声指数(dB)　　表3-4

墙体面密度(kg/m²)	98	127	161	195	225
面层抹灰或喷涂料	40	45	45	45	50
清水墙面	30	30	35	40	45

200mm厚混凝土空心砌块墙的隔声指数(dB)　　表3-5

墙体面密度(kg/m²)	117	156	195	230	269
面层抹灰或喷涂料	40	45	45	50	55
清水墙	30	35	40	45	50

注:我国生产的200mm厚混凝土空心砌块的面密度为220~285kg/m²。

250mm厚混凝土空心砌块墙的隔声指数(dB)　　表3-6

墙体面密度(kg/m²)	137	180	230	274	318
面层抹灰或喷涂料	45	45	51	55	55
清水墙	35	40	45	50	50

300mm厚混凝土空心砌块墙的隔声指数(dB)　　表3-7

墙体面密度(kg/m²)	166	220	269	327	381
面层抹灰或喷涂料	45	50	55	55	55
清水墙	40	45	50	50	52

250mm厚夹心墙的隔声指数
(100空心砌块+50空气夹层+100空心砌块)(dB)　　表3-8

墙体面密度(kg/m²)	137	176	215	264	303
面层抹灰或喷涂料	45	45	50	55	55
清水墙	40	40	45	50	55

350mm 厚夹心墙隔声指数
（100 厚实心砌块 + 50 空气夹层 + 200 厚空心砌块）(dB)　表 3-9

墙体面密度（kg/m²）	303	342	381	415	455
面层抹灰或喷涂料	55	55	55	55	55
清水墙	50	50	55	55	55

设计中墙体的厚度选择主要取决于结构的需要，而墙的类型、材料的空隙率及面层装修要求等可根据对其声学的要求进行选择。例如采用粉刷后的砌块墙比粉刷前的隔声量可增加10％左右。当采用单层纸面石膏板作罩面时，隔声量可增加8％左右；而采用双层石膏板时，隔声量可增大15％左右。此外，实测证明墙体双面抹灰与单面抹灰比较，其隔声量的提高并不显著。

声音在穿透墙体的同时，还有一部分可被墙体表面吸收。降噪系数是用以衡量吸声性能的标志。混凝土砌块墙的降噪系数值见表 3-10。

降噪系数近似值　表 3-10

材 料	面层纹理	降噪系数
轻骨料混凝土砌块（无罩面层时）	粗	0.50
	中等	0.45
	细	0.40
重骨料混凝土砌块（无罩面层时）	粗	0.28
	中等	0.27
	细	0.26
上表数值由于砌块面层施以喷涂层应予以折减（％）		

涂料品种	操作方法	一层	二层
油 漆	刷	20	55
乳胶漆	刷	30	55
水泥浆	刷	60	90
品种不限	喷涂	10	20

利用墙面吸声的特性可以降低噪声源房间内的噪声。由表后半部分的数值可以看出：清水墙在喷刷涂料后，虽然可以提高其隔声指标，但同时由于填平了面层的孔隙，大大地降低了其吸声性能，利用这一特性在设计中为不同用途的房间选用不同的面层。如有噪声源的房间（走廊、楼梯间、门厅等）采用清水墙面，使之保留较好的吸声性能，减小噪声，而在居室内的墙面采用抹灰面层，用以提高隔声量。

当采用夹芯墙时，两片墙的外侧均可保留清水墙，使室内获得较好的吸声效果，而在双片墙形成的空腔部位的任何一面抹灰，还可以提高其隔声量。当夹芯墙的二片墙体厚度不等时，其隔声量优于二片厚度相等的夹芯墙。

对降低噪声或声学特性有特殊要求的房间还可以采用特制的吸声砌块。它是在普通空心砌块侧壁上空腔处开一条窄缝，利用空腔共振的原理吸声。它对 100~250Hz 的低频声吸声效果很好，还有一定的隔声能力。如图 3-7 所示。通过调整空腔的大小与竖缝的宽度可以获得所需的吸声效果。

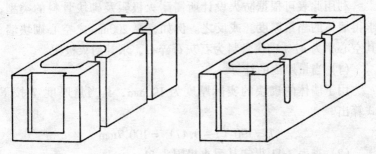

图 3-7 吸声砌块外形

吸声砌块的制造与施工均较简单。可广泛地用于机房、设备间、高速公路的隔音墙等。特别是用在潮湿环境中，更优于其他吸声材料，因为吸声砌块是混凝土制品，不怕潮湿。可用于地下室、游泳馆及体育馆等内墙面。

三、小砌块墙体的防火性能

混凝土空心砌块具有很好的耐火性能。试验证明：其耐火极限大小与砌块混凝土的骨料性质及砌块的当量厚度有关。

砌块的当量厚度可根据砌块的实际厚度按其空心率折减的办法算出。

表3-11给出了各种耐火极限时所需墙体的最小当量厚度，可供设计选用。

墙体最小当量厚度（mm）　　　　　表3-11

砌块骨料类型 \ 耐火极限(h)	4	3	2	1.5	1	0.75	0.5
钙或硅质卵石	157	135	107	91	71	61	51
石灰石、炉渣	150	127	102	86	69	58	48
陶粒	130	112	91	84	66	56	46
粉煤灰陶粒、或浮石	120	102	81	69	53	48	38

利用此表可根据防火设计所需耐火极限及砌块骨料的类型，求得墙体的当量厚度。或反之。例如，厚200mm之空心砌块墙，其空心率为47%砌块骨料为石灰石碎石，求其耐火极限。

（1）当量厚度的计算：

用于墙体的砌块的实际厚度为190mm，其当量厚度 T 按下式算出。

$$T = 190（1 - 0.47）= 100.7\text{mm}$$

（2）查表3-11得知其耐火极限为2h

多层墙体的耐火极限等于各层墙体的耐火极限及墙间空气夹层耐火极限之和。可按下式计算：

$$R = R_1 + R_2 + \cdots\cdots + A_1 + A_2 + \cdots\cdots \quad (\text{h})$$

式中　　R——多层墙体的耐火极限；

R_1、R_2……——每层墙体的耐火极限；

A_1、A_2……——墙间连续的空气层的耐火极限，当其厚度为12～

90mm，其耐火极限为 0.3h。

用混凝土或其他松散材料（如砂、焦渣、珍珠岩、蛭石等）填实芯孔的墙体的当量厚度等于砌块本身的实际厚度，所以在工程实践中常常采用填实芯孔的办法来改善墙体的防火性能。

墙体的粉刷面可以提高其耐火极限。如水泥砂浆抹面的实际厚度即为其当量厚度，可计入墙体的当量厚度。

配筋混凝土砌块柱最小尺寸可按表 3-12 选用。

配筋混凝土砌块柱的最小尺寸（mm） 表 3-12

耐火极值（h）	1	2	3	4
柱断面尺寸（mm）	200	250	300	350

第三节 小砌块墙体的建筑设计特点

一、模数

在砌块建筑的设计中，组成墙体的基本单元——混凝土小型空心砌块的尺寸有实际尺寸与标志尺寸之分。如常用的标准砌块之实际尺寸为 390mm（长）×190mm（宽）×190mm（高），而在设计图纸中采用的尺寸为加上 10mm 灰缝后的标志尺寸 400mm×200mm×200mm。所以砌块建筑设计合理模数应为 2M，即墙段的平面尺寸及竖向尺寸应为 200mm 的倍数。遵循这一规定来进行设计，可以减少异型砌块的用量及施工现场的切割工作量，从而简化材料的生产及施工操作、提高工效、降低成本。

图 3-8 示意由标准砌块组砌的一段墙体的平面图。由图可以看到：

（1）当墙厚为 200mm 时，轴线设于墙厚的正中；
（2）墙段总长及分段长度为 200mm 的倍数；
（3）门窗洞口的宽度为 200mm 的倍数，这样可以保证门窗洞口上下的墙体采用标准长度的砌块砌筑；

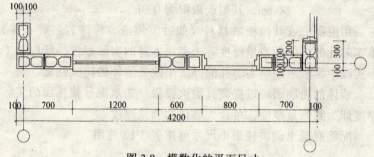

图 3-8 模数化的平面尺寸

(4) 墙垛的尺寸应为 200mm 的倍数,其最小尺寸为 200mm。这样在组砌时才不会出现异型块;

(5) 轴线至门窗洞口边的尺寸为奇数。

由此墙段左角的放大图(图 3-9)可以看出:

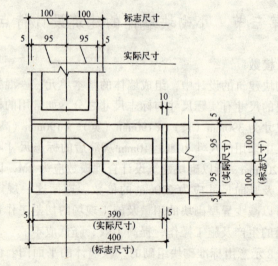

图 3-9 标志尺寸与砌块实际尺寸的关系

(1) 墙段的实际长度与厚度比标志尺寸小 10mm;

(2) 门窗洞口的实际宽度比标志尺寸小 10mm。

在加工门窗或在浇筑预制过梁、窗台板时应注意其尺寸的配合。

由图 3-10 所示立面及剖面图可以看到:

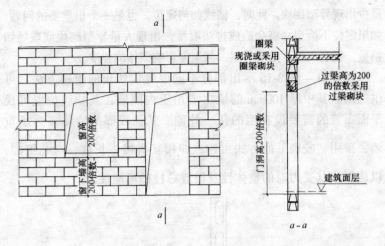

图 3-10 墙段立面及剖面

（1）建筑物的层高宜为 200mm 的倍数。如有特殊需要或采用 2M 有困难时，其非模数尺寸可在楼层处采用非模数的圈梁厚度来调整；

（2）门窗等洞口的砌体高度应为 200mm 的倍数；

（3）窗下口的高度应为 200mm 的倍数；

（4）门窗等洞口上过梁的高度应为 200mm 的倍数。

二、组砌

砌块墙体组砌的基本要求是对孔、错缝搭接，搭接长度一般为 200mm，有特殊需要时，其搭接长度不得小于 90mm。在具体排块时尚应考虑芯柱的位置与数量，在墙体转角、墙体相交及门窗洞口两边应保证砌块芯孔上下贯通。

1. 转角组砌

在平面设计中，转角的组砌应予以特别的重视。当采用标准砌块组砌 200mm 厚墙时，这一问题尚不突出。但当采用厚 100、150、250、300mm 单层砌块墙或组砌更厚的夹芯墙时，则需要针对具体情况，研究转角的组砌，使墙段的长度模数仍符合 2M 的要求，或尽量少出现异型砌块。此时，轴线如何定位，也是一个很重要的问题。如果定位不恰当，将会造成排块混乱，出现大量异型砌块或现场切割量，耗费人工、浪费材料，甚至会影响砌体的强度。

图 3-11 ~ 图 3-16 示出部分不同厚度墙转角的组砌方法，可供选用。其中厚 100mm 的墙主要用于内隔墙，其轴线位置可视平面布置的需要设在墙的任一外侧。其他较厚的墙体多为承重墙，采用"咬砌"的方式组砌，即相互搭接 $\frac{1}{2}$ 长度、对孔组砌，以便保证其受力时的整体性及设置芯柱的可能性。

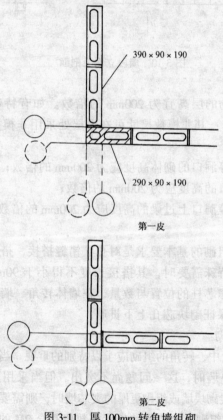

图 3-11 厚 100mm 转角墙组砌

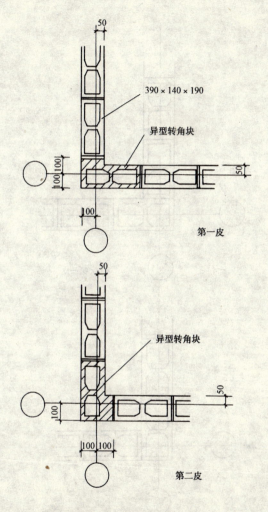

图 3-12 厚 150mm 墙转角组砌

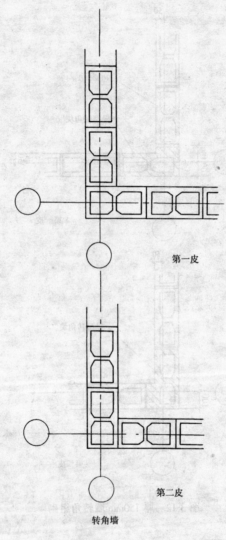

图 3-13 厚 200mm 墙转角组砌

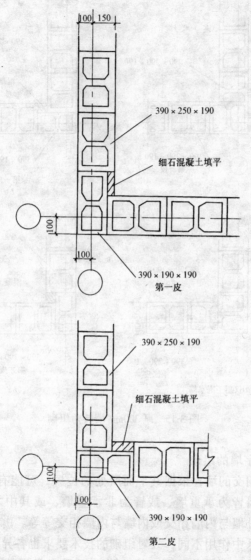

图 3-14 厚 250mm 墙转角组砌

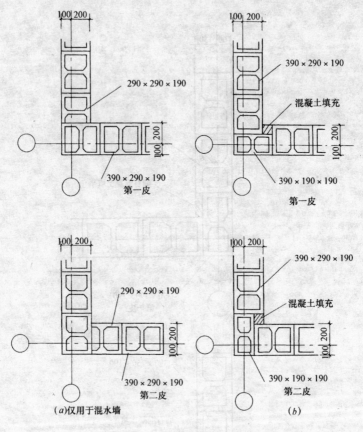

图 3-15 厚 300mm 墙转角组砌

2. 丁字墙的组砌

丁字相交的墙,根据其平面所处的位置,可能有多种情况,如:二片墙皆为承重墙、或皆为非承重墙、或其中之一为承重墙;还有外墙与内墙相交或内墙与内墙相交等等。由于这些墙体在结构体系中作用不同,故对组砌的技术要求也各异,应在具体工程设计中注意区分。图 3-17～图 3-20 示出常用的几种厚度墙体组砌方式及轴线位置。

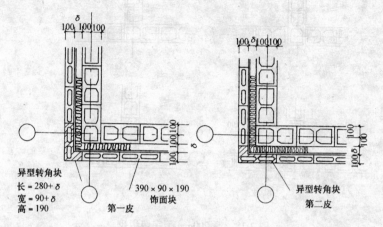

图 3-16 夹芯墙转角组砌（δ——空腔宽度）

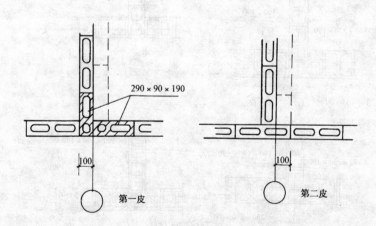

图 3-17 厚 100mm 丁字墙组砌

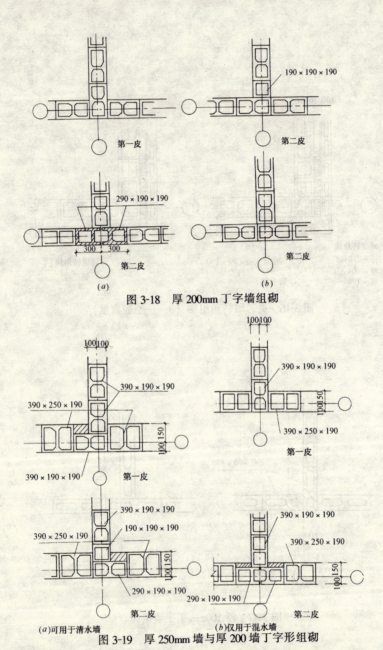

图 3-18 厚 200mm 丁字墙组砌

(a)可用于清水墙 (b)仅用于混水墙

图 3-19 厚 250mm 墙与厚 200 墙丁字形组砌

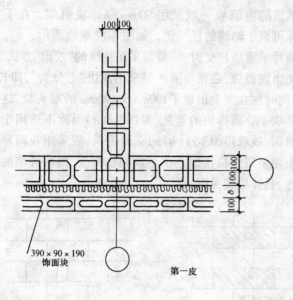

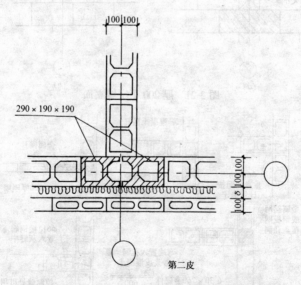

图 3-20 厚 200mm 墙与夹芯墙丁字形组砌

非承重的内隔墙一般采用90mm厚砌块组砌，在丁字相交时，墙体可设于轴线的任一侧，如图3-17虚线所示。

当两片承重墙相交时，一般均采用传统的"咬砌"方法组砌，但为了避免出现通缝，必须每隔一层采用两块"七分头"，即长290mm的砌块。同时在立面上出现了190mm×190mm的端头块。这种组砌的方式造成了立面排块的紊乱（见图3-21a）因此不适用于砌块清水墙的组砌。欲取得图3-21(b)的立面效果，需采用在两片墙相交的节点上用金属件拉接的办法形成刚性接头，使两片墙能可靠地共同工作。具体构造见图3-22。

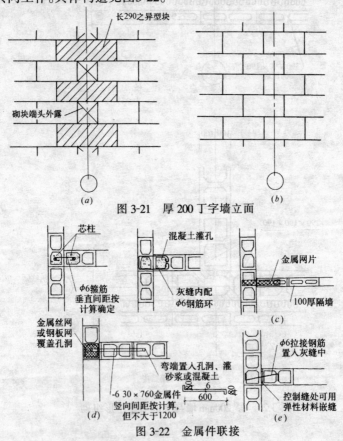

图 3-21 厚200丁字墙立面

图 3-22 金属件联接

图 3-22（a）用于有芯柱的墙体，其箍筋可以是单肢的，也可以是双肢的，由结构计算确定。图 3-22（b）、（c）、（d）可用于节点处无芯柱的墙体。图 3-22（c）中的金属网片也可以用两根 $\phi^b 4$ 冷拔钢丝代替。灰缝中配筋的竖向间距一般不大于500mm，或隔层设置。如两片墙不同时砌筑时，可在先砌的墙体中埋入金属拉接件，甩出接头，随后在砌筑另一片墙体时，再将其埋入灰缝中。

如丁字墙处遇有控制缝，则可采用图 3-22 中（e）的作法。

当砌块墙与其他材料墙体相连时，其做法见图 3-23。图示砌块墙与轻钢龙骨石膏板墙的连接。节点处之芯孔应用灌孔混凝土填实。

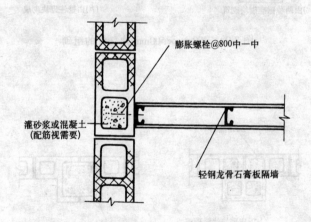

图 3-23 砌块墙与石膏板隔墙的联接

3．柱和壁柱的组砌

柱是独立于墙体的，壁柱是墙体加厚的部分。壁柱可以突出于墙体的一侧或双侧。

柱和壁柱可以采用特别的柱用混凝土砌块。组砌（见第一章第二节柱用砌块），也可以用普通的空心砌块砌筑。见图 3-24～图 3-28。

61

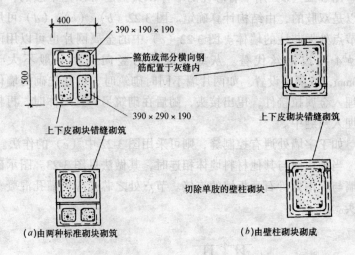

图 3-24 400mm×500mm 独立柱的组砌

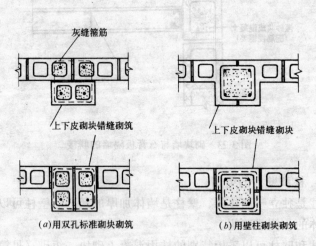

图 3-25 400mm×400mm 壁柱的组砌

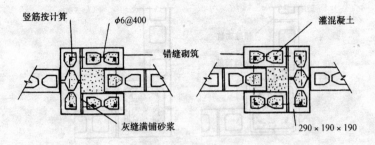

(a)用标准砌块组砌

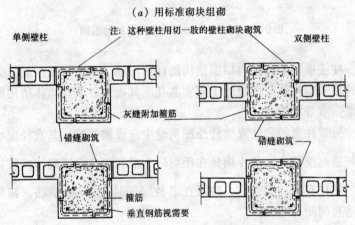

(b)用壁柱砌块组砌

图3-26 600mm×600mm壁柱组砌

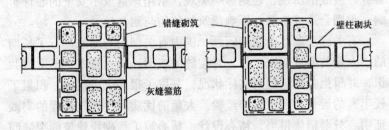

图3-27 600mm×800mm壁柱的组砌

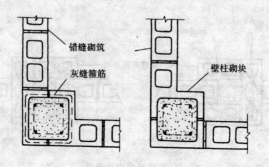

图 3-28　400mm×400mm 转角壁柱的组砌

柱或壁柱的芯孔内根据结构的计算配筋。无论有无配筋，组砌的柱或壁柱均应用混凝土填实芯孔。其砌筑砂浆与墙体所用的砂浆强度等级相同。

另需注意的是柱或壁柱外圈灰缝中应设钢筋箍，其直径应小于灰缝高度的 $\frac{1}{2}$。其作用是在用混凝土灌孔时，保证砌体的整体性。如柱有竖向配筋时，建议在芯柱竖筋外侧设 $\phi6$ 箍筋，箍筋的垂直间距 400mm。

三、墙体的防裂设计

混凝土小型空心砌块建筑与其他砌体结构，如砖石结构砌体具有一些共同的缺陷，即处理不当时在墙体的某些部位容易出现裂缝。裂缝的出现，轻则影响美观，给用户造成不安全的心理影响；重则会造成渗漏，影响建筑物使用与耐久性。

有关砌块墙体的裂缝问题，国内有关部门与专家进行了长期的、大量的调查研究工作，对裂缝的成因、特点基本上已取得共识，并根据各地工程的实际状况，采取了很多改进措施，积累了较丰富的设计与施工工作经验。大量的优质砌块建筑工程的实践证明，只要措施得当，精心设计、精心施工、砌块建筑的裂缝问题是可以克服的。

砌块墙体产生裂缝是多种因素造成的。它与混凝土砌块的干缩、温度应力的存在、原材料质量、施工质量，设计构造是否合理、结构整体受力性能的强弱等诸多因素有关。仅就墙身出现的一条裂缝来讲，其产生的原因也可能是二、三种因素叠加造成的如材料的干缩与地基不均匀沉降因素叠加、应力集中与竖缝砂浆不饱满或砂浆强度不够等因素叠加在一起都会造成裂缝。

墙体裂缝的常见形式有：

竖向裂缝：易发生在较长的实墙体中部；底层的窗台下；

水平裂缝：易发生在平屋顶建筑物的顶层屋面板与圈梁连接处或屋面板与砌体墙顶面之间；

斜裂缝或阶梯形裂缝：易发生在门窗洞口边、建筑物顶层端部几个开间的纵、横墙上。

上述墙体裂缝的出现有一些是砌体建筑的通病，在砖石结构中也极易发生，在砌块建筑的设计中所采用的克服这一类弊病的措施与砖石结构设计相类似，如采用加强建筑物整体刚度的办法克服地基不均匀沉隆所造成的危害；为避免顶层的水平裂缝采取加强平屋顶的保温隔热；又如在易产生应力集中的梁下，门窗洞口边加强构造措施，设置圈梁、芯柱等。

由于混凝土砌块的材质与实心粘土砖差异较大，其主要表现为对温湿度变化的敏感性，在存在温差的条件下粘土砖的线膨胀系数为 5×10^{-6}，而混凝土砌块的线膨胀系数为 10×10^{-6}，为粘土砖的两倍。粘土砖是烧结材料，其后期的干缩量极小，可以忽略不计；而混凝土砌块对湿度变化极为敏感，其干缩率大小与原料的级配、养护方式及储存条件等有关，其数值变化范围可由 $2 \times 10^{-4} \sim 4.5 \times 10^{4}$。砌块的干缩值不仅远远地大于粘土砖，且远远地大于砌块本身因温度变化而产生的体积变化，所以对砌块材料干缩的特性认识不足，在设计中没有采取针对性的措施就成为砌块墙体产生裂缝的一个重要原因。

此外，砌块墙体力学性能与粘土砖墙也存在着较大的差异。它在抗压强度方面有着较大的优势，约为砖墙的 1.5 倍，但其抗剪、抗拉强度仅为砖墙的 50% 左右。因此当砌块墙体因失水或温度变化引起体积变化时,会在墙体内产生较大的应力,此时如设计不当或因施工在墙体上存在薄弱环节,如不饱满的灰缝或存在应力集中部位时,就会造成墙体出现裂缝。

在自然环境中砌块墙体受大气温湿度变化的影响,其变形是不可避免的,但由于不同地区气候条件各异,温度或湿度对建筑物的影响也就不同。一般地说,在我国北方地区气候干燥,砌块的干缩变形在总变形量中占主导的地位,也是墙体产生裂缝的主要原因;而在南方多雨潮湿地区或日夜温差较大的地区,温度变形可能是造成墙体裂缝的主导因素。因此在不同的地区,砌块建筑的防裂措施亦应因地制宜,有所侧重。

针对砌块材质的特性,在建筑设计中应注意采取下列措施:

(一)选用含水率合适的砌块及性能良好的砂浆

目前我国建材生产厂家可根据需要提供各种含水率的砌块。建筑设计中要根据所在地区大气环境的相对湿度来选用相应的含水率控制砌块。一般情况下砌块的含水率应略低于当地的环境湿度。这样,砌块内所含的水分与大气中的水分接近平衡,从而减小砌块墙体的干缩变形。

根据我国《普通混凝土小型空心砌块》GB8239—1997标准的规定,砌块的含水率应满足表3-13的规定。

相对含水率 %　　　　　　　　表3-13

使用地区	潮湿	中等	干燥
相对含水率不大于	45	40	35

注:潮湿—系指年平均相对湿度大于75%的地区;
　　中等—系指年平均相对湿度50%~70%的地区;
　　干燥—系指年平均相对湿度小于50%的地区。

对砌块含水率控制的要求应贯穿于砌块的生产、储存、运输的全过程,直至上墙砌筑。

用于地下墙体、挡土墙、围墙、栅栏等处的砌块,其含水率控制要求可适当放低。

墙体的砌筑砂浆应采用保水性及和易性较好的水泥白灰混合

砂浆。目前在建材市场上已有与混凝土砌块的施工配套的成品砂浆供选用。

（二）采用墙体防裂构造措施

1．设控制缝

砌块建筑设计中，除按我国现行的规范设置抗震缝、沉降缝及变形缝外，还应加设控制缝。控制缝的设置主要是针对混凝土材料干缩变形的特性，将过长的墙体分段，以免墙体内部干缩变形的过度积累，而引起墙内过大的内应力，造成墙体的裂缝。控制缝是墙段间的通缝，它贯穿楼层的全高（楼层或屋顶处的圈梁除外）。它使裂缝规整化和合理化。

目前在我国关于设置控制缝的问题尚未正式形成规范，但对它的作用与必要性业内人士已有共识，在工程实践中借鉴国外的规范与经验已作了很多探索。相信在总结经验的基础上，设置控制缝的问题，很快会纳入有关的规范条文中。

（1）控制缝的间距：

美国的砌体规范中对控制缝的间距有明确的规定（见表3-14）。

非配筋砌体控制缝最大间距　　　　　表3-14

钢筋网片最大间距	控制缝最大间距　（m）	
(mm)	墙段　长/高	墙段　长
无配筋	2	12
600	2.5	13.5
400	3	15
200	4	18

注：1. 此表适用于含水率控制砌块。当采用非含水率控制砌块时，其间距应减半；当为全灌孔墙时，其间距应小于表内数值的 $\frac{1}{3}$。

2. 钢筋网片至少应有二根以上的纵向筋（$2\phi4^b$）。

控制缝的间距与墙段的长高比及水平配筋的疏密有关。

此外，控制缝距墙端转角处不应大于7.5m。

（2）控制缝的位置：

控制缝的位置应慎重选择，如选择不当，会造成墙体的损坏。图3-29说明：当控制缝设于两个洞口之间时，造成了大面积的墙面开裂。

图3-29 控制缝位置不当造成墙体破坏

控制缝应设在墙体的薄弱部位或应力集中的地方，如：墙体高度突变处；墙体厚度变化处；门窗洞口边；基础、楼板、屋面板施工缝处；墙与柱或壁柱的连接处；墙的拐角处或"T"形相交处等。

当有抗震缝、沉降缝或温度缝时，控制缝可与其合并设置。

夹芯墙的两片墙体如采用金属件柔性拉接时，则控制缝仅设于内侧的承重墙上。

(3) 控制缝构造

控制缝应既能使墙体沿其纵向伸缩，又能承受侧向压力，其嵌缝材料应与两侧砌块紧密粘结，具有弹性及耐候性。其断面形式有多种常用的做法（见图3-30）。

图中(a)型控制缝构造施工简便，获得了较广泛的应用。它采用普通墙块，缝边用整块与半块隔层搭砌，缝间空腔内靠一侧插防水卷材一层，然后用混凝土灌孔。

图中之(b)、(c)、(d)型控制缝均采用特制的控制缝砌块组砌，不需灌孔，组砌快捷，抗侧向力好。

控制缝的外侧用弹性材料嵌缝，嵌缝构造均可采用图3-31所示作法。

2. 墙体配筋

针对砌块墙抗拉与抗剪能力较弱的特点，在墙体内适当配筋。当墙体干缩变形时，墙中的水平钢筋在承受拉应力的同时，将应力应变均匀地传递到墙体上，以大量细微均布的隙缝来取代不配筋时由于应力集中而造成的明显裂缝，从而保护了墙体的整体性。

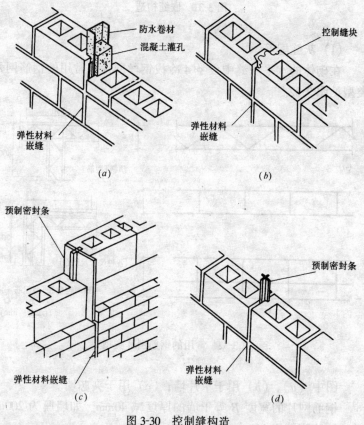

图 3-30 控制缝构造

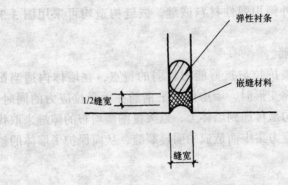

图 3-31 嵌缝构造

(1) 灰缝配筋

在砌体的水平灰缝中设 $\phi^b 4$ 冷拔钢丝网片。常用的钢筋网片类型见图 3-32。

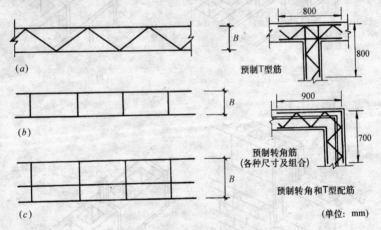

图 3-32 常用的钢筋网片类型

图中 (a)、(b) 用于单片墙；(c) 用于夹芯墙。

钢筋网片的宽度 B 等于墙的厚度减 40mm。如墙厚为 200mm 时，网片宽等于 160mm。

钢筋网片应作防腐处理，外墙（特别是用在夹芯墙）上的网片必须采用镀锌处理。其他部位的网片可以刷防锈漆。

钢筋网片的砂浆保护层，在墙外侧不应小于15mm。网片应置于灰缝高度的中部，以保证其与灰缝砂浆良好的结合。网片搭接长度应大于150mm（见图3-33）。墙体上钢筋网片层间之间距一般为600mm，宜沿墙通长设置。如限于条件只能局部设置时，则在下列部位重点设置：

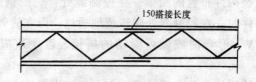

图3-33　网片的搭接

1) 窗洞口下第一及第二个灰缝处。每边伸出洞口边600mm，小洞口上方亦可同法设置，用以代替过梁，但需经结构验算；

2) 楼、地面上两个或三个灰缝中设网片；

3) 当不设楼层圈梁时，在楼板或屋面板下两个或三个灰缝中设置。

钢筋网片在控制缝处应断开。

（2）设置圈梁

圈梁一般作为受力构件布置在墙顶楼板或屋面板处。此外，如在墙体的高度方向上间隔地布置几道圈梁，还可以增强建筑物的整体刚度，控制墙体的变形，减少墙体的裂缝。

为此目的，一般在窗台下加设一道圈梁。必要时，在门窗洞口顶上也可以设置一道，用以代替过梁。

圈梁间的垂直间距应不大于1200mm。

地面处应设地梁，以防地基不均匀沉降引起墙体开裂。

圈梁的配筋为：

当墙厚为200mm时：最少配2⌀12；

当墙厚为250mm、300mm时，最小配2⌀16。七度以上地震区的圈梁配筋应按结构计算配置。

在砌块建筑中，圈梁可以用特制的圈梁块组砌。由于圈梁块面层可以加工成任意饰面，所以可以用于清水墙建筑墙体的任何部位，而不影响其立面效果。采用此种构件还可免去现浇圈梁的支模、养护等工序，省时省力。如无特制的圈梁块时，也可利用普通墙块，去掉部分边肋及中肋，形成搁置钢筋的浅槽，然后配筋浇筑即可。

作为抗裂构件布置的圈梁，在控制缝处，它的钢筋应断开。作为受力构件时，在控制缝处应连续地通过，但在缝处，圈梁的钢筋应作"V"形弯曲或做可滑动的搭接，以便适应缝处的变形。

(3) 芯柱配筋为防止墙体高度方向干缩引起的水平裂缝，在墙体内还应设置必要数量的竖向配筋即芯柱配筋。

墙体内的芯柱，包括因各种需要所设置的芯柱在内，其水平最大间距不应大于1200mm。因防裂需要而增设的芯柱配筋可采用 1Φ18。

四、外墙的抗渗设计

引起墙体渗漏的原因是多方面的，它与砌块材料性能的优劣、设计是否合理、施工质量的保证等多种因素有关。应该说绝大多数渗漏是由于墙体裂缝引起的。在建筑设计工作中，除应采取各种措施加强建筑物的整体性，增强墙体的抗裂性能，预防出现裂缝，造成渗漏外，还应从墙体类型的选用、块材类型的选用、墙身构造等多方面采取措施，提高外墙的抗渗性能。

(一) 墙体类型的选择

在各类墙体中，夹芯墙由于在两片墙间有空气夹层，从而可以有效地阻断外墙面的潮气及雨水的渗透。因此在多雨强风地区应优先采用。

为提高单层砌块墙的抗渗性，宜在其外侧作防水面层。防水面层的材料可以选用涂料、抹灰或面砖。

(二) 砌块类型的选择

1. 必须用抗渗砌块和抗渗砂浆砌筑外墙

混凝土小型砌块是薄壁空腔构件,在大气环境中受到风雨侵袭时,会吸收外界的水分,并通过毛细作用渗入到整个墙体,严重时会使墙壁内侧阴湿,影响房屋的使用。因此在砌筑外墙时,一定要选用抗渗砌块。

抗渗砌块是在砌块的生产过程中通过调整骨料级配,并加入适量的抗渗剂,使之达到规定的抗渗等级。

外墙的砌筑砂浆也应配套使用抗渗砂浆。

2. 砌块形状的选择

这里主要指砌块端部形状的选择,因为它影响着砌体的竖向灰缝构造。

砌块墙的竖缝高190mm,比普通粘土砖高3倍以上。实践中,由于竖向灰缝的不饱满而造成的墙体渗漏是比较普遍的。欲达到竖缝80%的饱满度,除了提高砂浆的和易性、改进施工操作方式外,砌块端部构造也起很大的作用。

常用砌块的端部构造有两种,见图3-34。

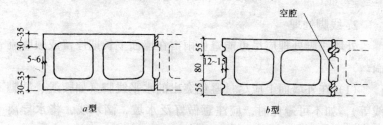

图3-34 砌块端部构造

图中 b 型砌块端部灰缝加宽至55mm,且有凹槽施工时易挂灰,利于竖缝饱满及提高墙体的抗渗性。同时,在内外二条灰缝中间形成的空腔有减压作用,可阻断潮气进一步的渗入。因此 b 型砌块应在外墙的施工中优先采用。

(三)墙身抗渗构造措施

1. 勾缝

73

清水墙勾缝应选用利于排水的样式。

无论是清水墙，抑或是混水墙，在砌筑时均应注意适时勾缝，以便将灰缝中的小孔及砂浆初凝时产生的微小裂隙填实，消除渗漏的隐患。对于清水墙，勾缝质量的好坏也是其抗渗性好坏的关键。常用的勾缝样式有许多种（见图3-35），其中（a）、（h）有利于墙面排水。

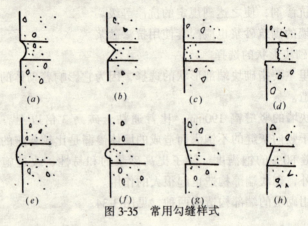

图 3-35 常用勾缝样式

2．线脚处理

外墙线脚处理应尽可能避免雨雪在墙面上长期停留或顺墙流淌。

（1）在外墙面上应尽量避免突出的水平线脚（如腰线、勒脚线等），如不可避免时，应注意做好泛水坡，滴水线，将水导离墙面。

当水平线脚设在迎风面时，应尽量将悬挑的尺寸加大。

（2）女儿墙压顶板外缘宜挑出外墙面，并设滴水线。

（3）阳台板、詹沟板、空调器搁板等板底面的坡度不应使水倒流回墙面，并应在悬挑构件的根部设止水槽。

3．窗或洞口处理

窗或其他洞口处要注意防止雨水自窗台处渗入墙身。可以采用下述方法：

(1) 采用整体式通长的预制混凝土窗台板；
(2) 窗洞下第一皮砌块用混凝土灌实；
(3) 结合墙身防裂措施，在窗下第一皮砌块处设圈梁；
(4) 在窗下第一皮砌块顶面设披水板（见图3-36）。
同理，女儿墙顶宜设现浇压顶板。

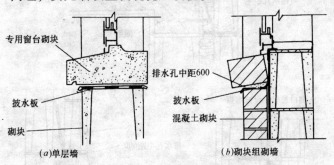

图3-36 窗台下设披水板

4. 夹芯墙应设披水板

当夹芯墙外片墙出现渗漏时，水会顺着内壁流淌至空腔底部，积存在过梁或圈梁顶部，为阻挡其继续向内片墙渗透，应在可能存水的部位设披水板（见图3-37）。

5. 设排水孔

在墙身可能存水的部位设排水孔，通过它将墙体空腔或芯孔内的积水排出。排水孔通常设在过梁或圈梁顶面上，如有披水板时，排水孔可直接设于披水板上方。

排水孔可采用如下做法：
(1) 在水平灰缝中直接留孔或钻孔；
(2) 砌墙时在灰缝中放入浸过油的软管或线绳。

排水孔的水平间距为400~600mm。

6. 穿墙孔处理

贯通外墙的孔道必须设预埋套管。在外墙上固定雨水管等的固定件不应直接埋在灰缝中，因灰缝较窄，固定不牢，且流水的冲击力会破坏灰缝，造成渗漏。

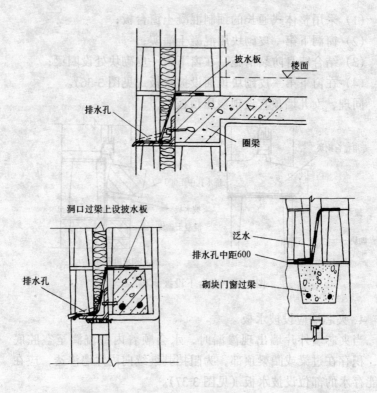

图 3-37 墙身披水板及排水孔

应采用带预埋件或套管的专用砌块砌筑。雨水立管的位置可选在芯柱旁,用膨胀螺栓直接固定在芯柱的外侧。

五、墙体上建筑配件固定与管线的敷设

1. 砌块墙上门窗的固定

门窗洞口两侧的墙体,一般均设有芯柱,所以门窗的固定方法与普通钢筋混凝土墙一样:金属门窗采用胀锚螺栓固定;木门窗可以钻孔塞木楔后用钉子固定。

当洞口两侧无芯柱时,可将洞口两侧固定点处之砌块用混凝土灌实、或采用预制带埋件的砌块组砌。

2. 暖气片、卫生洁具、厨房设备等配件的固定轻型设备或水暖立管可在砌块墙砌好以后，采用空心墙专用的紧固螺栓固定；

较重的设备，如：暖气片、水箱、水池等应在施工墙体时，将锚固点附近的墙体芯孔用混凝土灌实，待设备安装时再钻孔锚固。

3. 电气管线的敷设

电气竖向走线可沿芯孔敷设，水平方向可走预制空心楼板的芯孔、板缝或板上之垫层中。出线处可利用带清扫孔砌块，将接线盒浇筑在芯孔中。

在分户隔墙上设插座时，不要在同一位置的墙二侧同时设插座，这样会破坏墙体的隔声，同理穿墙管应采用柔性连接，管周边缝隙应用弹性材料嵌固。

4. 墙体上设施安装注意事项

由于混凝土砌块为薄壁空心构造，在已砌好的墙体上严禁打凿孔洞，更不允许在水平方向上长距离剔槽，所以在设计时应更细致周到地考虑室内外各种设施、家用电器等的布置与安装。如：

空调器室外机摆放的位置、应为它设置室外小平台板或吊挂预埋件。

厅室的墙面上宜设挂镜线，便于在墙上张挂饰物。

考虑各种家用电器不同的摆放方式，增设一些电源插座等等。

六、发挥砌块材质特色、创造独特的建筑风格

千百年来实心粘土砖曾以其工整组砌的清水墙来显示它高档的材质、淡雅的色调，从而创造了独有的亲切而朴实的建筑风格。混凝土砌块也应该，并有条件用清水饰面砌块墙来展示材料的特有的表现力，创造自己的、极具个性的建筑风采。

混凝土砌块不仅能以其良好物理力学性能满足各类建筑的墙体组砌，而且由于混凝土易于着色、便于成型、且成型后的表面也易于加工。利用上述特点加工制造成的饰面砌块，是一种很好的墙面装修材料。经过精心加工而成的饰面砌块品种繁多、色彩纷呈，无论是尺寸、形状，还是色泽、纹理均有极为广泛的选择余地，为建筑师们创造性的工作提供了丰富的素材。

常用的混凝土饰面砌块大致可分为两类：

（一）贴面砌块

贴面砌块属于片状材料，厚 50~80mm，平面尺寸可按设计需要定制。常用于建筑物的勒脚部位、城市道路两侧的挡土墙、花池等，用水泥砂浆贴砌于主体结构或墙体的外侧。外观可为仿毛石的劈裂块或仿蘑菇石之雕塑块，颜色按设计需要。

（二）墙用砌块

墙用砌块既是结构材料，又具备装饰功能。其体量的大小与规格很多，除标准砌块外，在与标准砌块的模数相配合的条件下，其块型的长短、宽窄与厚薄可有很多变化，如砌块高有 60mm 及 90mm；厚度有半厚块（90mm）；长度有 190mm、290mm、490mm 等。其色调及纹理可以通过选用不同品种的骨料、水泥及颜料，满足设计的需要。

墙用砌块除空心砌块外，还有彩色实心混凝土小砖。

墙用砌块可用于室外装修、室内装修，也可以同时用于一道墙的内、外面装修，此时砌块的两侧均需按设计要求做饰面层。

常用的墙用装饰砌块品种有：

1. 劈裂砌块

是目前大量采用的一种饰面砌块。混凝土骨料采用彩色石渣。它是在成型后，用劈裂机劈裂，造成不规则的劈裂面，断裂的各色石渣在断面上闪烁，如天然毛石，质地粗犷、古朴。可用于大墙面的组砌；也可用于建筑物的局部，形成线脚或花饰。它与普通砌块平整的墙面或抹灰墙面在质感上可形成强烈的对比。

劈裂砌块有整面劈裂与局部劈裂之分。如可作成竖向沟漕条纹，用于大墙面组砌时，可出现上下贯通的竖线条，使建筑物更为挺拔。

2. 随机条纹饰面砌块

当砌块成型时，在面层上形成宽窄深浅不一的竖向条纹，其纹理细腻雅致，可用于室内或室外装修。

3. 凿毛饰面砌块

在成型后用机械或人工凿毛，可呈剁斧石面层或烧毛面层。

4．磨光饰面砌块

在成型后在水磨石机上磨光。使用不同的骨料可仿天然石材或水磨石，多用于室内墙面或柱面。

5．雕塑型饰面块

用模具成型，可仿天然蘑菇石、或设计成所需的凹凸花纹、曲面、斜面等，用之组砌图案或在大墙面上形成光影效果。

利用上列各类饰面砌块在砌墙时，或采用单一型式或与普通平面砌块穿插使用，可创造无数格调迥异的组合。如：彩色标准砌块与劈裂块可隔层交替组砌；全高块与半高块隔行交替组砌；双色搭配组砌；各种尺寸砌块组砌时可形成具有多种情趣的灰缝的样式（见图3-38）；在檐头、勒脚、门窗洞口或墙转角处变换砌块的颜色或纹理、更可起到画龙点睛的作用。

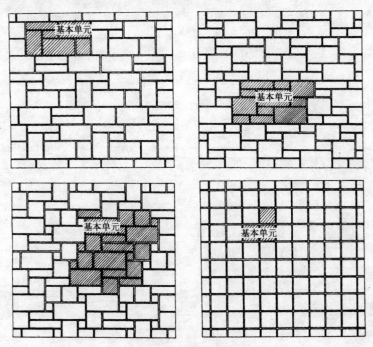

图3-38 饰面块的组砌

总之，在用砌块进行建筑设计时，应该不仅仅将砌块视为一种墙体的结构材料，而且也应将其视为创造一种新型建筑风格的手段，在设计时，针对建筑物的使用性质，在建筑物的艺术形象上多作些琢磨推敲，充分利用混凝土砌块材料所具有的尺度、质感及色泽，创造出砌块建筑自己独特风格。

第四章 小砌块砌体的基本力学性能

用190mm砌块砌筑而成的小型砌块砌体，主规格块为390mm×190mm×190mm，半块为190mm×190mm×190mm，（见图4-1）。砌体的基本力学性包括：砌体抗压强度，砌体轴心抗拉、弯曲抗拉强度，砌体抗剪强度以及砌体弹性模量等。

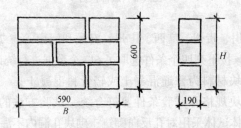

图4-1 砌体尺寸

第一节 小砌块砌体的抗压强度

一、砌体抗压强度的试验研究

1. 试件的尺寸和材料

小砌块砌体试件高度 H 为三皮砌块的高度，宽度 B 为1.5块砌块的长度，t 为砌块的厚度，尺寸为590mm×190mm×600mm，（见图4-2）。砌体砂浆灰缝厚度10mm，顶部用1:3水泥砂浆找平，厚度10mm。

砌体抗压强度用小砌块的抗压强度有10MPa、7.5MPa、5MPa和3.5MPa四种；砂浆强度有10MPa，5MPa和2.5MPa三种。

2. 砌体轴心抗压强度试验

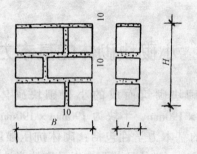

图 4-2　试件尺寸

根据四川、贵州、广西、广州、安徽和河南等省 7 个科研单位的试验资料，按下列四个条件选取了 617 个数据进行统计分析：

(1) 砌块材料为普通混凝土或轻骨料混凝土；
(2) 砌块规格和试验条件要符合统一试验方法的规定；
(3) 砌体试体采用对孔反向砌筑，砌块孔洞内不灌注填充料；
(4) 砌筑砂浆采用水泥、石灰膏和砂的混合砂浆。

假定砌体强度为 R，与砌块强度 R_k 和砂浆强度 R_2 的函数关系为：

$$R = f(R_k \cdot R_2) \tag{4-1}$$

求得回归方程为：

$$\frac{R}{R_k} = 0.38 + 0.30\sqrt{\frac{R_2}{R_k}} \tag{4-2}$$

如按照《砖石结构设计规范》（GBJ3—73），称《73 规范》，对砌体轴心抗压强度的计算，可归纳为下面表达式：

$$\frac{R_{73}}{R_1} = \left[0.25 + 0.4\sqrt{\frac{R_2}{R_1}}\right] C_2 \cdot C_4 \tag{4-3}$$

式中　R_{73}——按《73 规范》计算的砌体轴心抗压强度；
　　　R_1——砌块材料（混凝土）立方体强度；

C_2——砌块高度影响系数,对于190mm高度小砌块,$C_2 = 0.685$;

C_4——与砌块空心率有关的系数,设砌块空心率为0.5,按《73规范》算得 $C_4 = 0.35$。

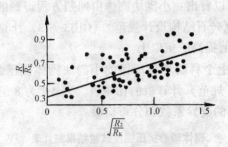

图 4-3 砌体抗压强度计算公式

$R/R_k = 0.38 + 0.30 \sqrt{R_2/R_k}$

($r = 0.64$)砌体试件数量617个,分为70组,"·"为组平均值

砌块强度 R_k 与砌块混凝土立方体强度之间的关系式为:

$$R_k/R_1 = 0.9577 - 1.129K \tag{4-4}$$

式中 R_k——混凝土砌块28天抗压强度;

R_1——砌块混凝土立方体试块28天抗压强度;

K——砌块空心率(以小数计)。

将 $R_1 = \dfrac{1}{0.9577 - 1.129K} R_k$ 代入式(4-3),可得:

$$\frac{R_{73}}{R_k} = \left[\frac{0.17125}{0.9577 - 1.129K} + \frac{0.274}{\sqrt{0.9577 - 1.129K}} \sqrt{\frac{R_2}{R_k}} \right] C_4 \tag{4-5}$$

按砌块空心率为0.5,$C_4 = 0.35$ 代入式(4-5),则式(4-5)可变为:

$$\frac{R_{73}}{R_k} = 0.15 \left(1 + \sqrt{\frac{R_2}{R_k}} \right) \tag{4-6}$$

比较式（4-2）和式（4-6），可得：

$$\frac{R}{R_{73}} = \frac{0.38 + 0.3\sqrt{\frac{R_2}{R_k}}}{0.15 + 0.15\sqrt{\frac{R_2}{R_k}}} \approx \frac{0.3 + 0.3\sqrt{\frac{R_2}{R_k}}}{0.15 + 0.15\sqrt{\frac{R_2}{R_k}}} = 2$$

由上式可以看出：小砌块砌体由回归方程得到的砌体抗压强度 R 值比按《砖石结构设计规范》（GBJ3—73）计算得到的砌体抗压强度 R_{73} 值提高一倍以上。

表 4-1 是七个科研单位所做的小砌块砌体抗压强度试验值、回归值与《73规范》计算值的比较表。表 4-2 为 8 组小砌块砌体轴心抗压强度的变异系数和分布检验。

砌体轴心抗压强度试验结果统计表　　　　表 4-1

序号	砌块强度 R_k (MPa)	砂浆强度 R_2 (MPa)	空心率 (%)	试件数量 (n)	初裂系数 (N_f/N)	砌体抗压强度 试验值 R'	砌体抗压强度 回归值 R	砌体抗压强度 规范值 R_{73}	R'/R	R'/R_{73}	R/R_{73}	资料来源
1	6.95~9.8	3.8~10.48	50	60	0.53	5.68~6.66	4.2~6.2	1.86~2.7	1.21	2.66	2.20	广州建材所
2	8.52~12.34	0.18~15.68	36.48	97	0.40	3.72~8.6	3.9~8.7	1.66~4.4	1.08	2.30	2.13	广西建研所
3	8.82~22.83	0.49~38.12	45.47	149	0.65	3.1~16.0	4.0~17.5	1.66~8.3	0.86	1.94	2.26	四局建研所
4	5.8~13.62	2.35~10.1	49.53	112	0.46	3.8~8.0	3.4~7.3	1.56~3.1	1.01	2.29	2.27	贵州建材所
5	6.85~9.0	2.35~14.9	42	17	0.55	5.1~6.0	3.8~6.8	1.66~3.3	0.98	2.11	2.15	河南建材所
6	8.0~13.52	0.29~15.0	43	132	0.57	3.6~9.3	3.5~8.0	1.47~3.7	1.21	2.69	2.22	四川建研院
7	9.6	11.95	50	50	0.70	6.0	6.85	3.1	0.88	1.92	2.18	安徽建研所
				∑617	(0.54)				(1.00)	(2.23)	(2.23)	

砌体轴心抗压强度变异系数及其分布　　　　　表 4-2

序号	试件数量(n)	砌块强度R_k(MPa)	砂浆强度R_2(MPa)	砌体强度平均值R(MPa)	标准离差S(MPa)	变异系数V_R(%)	分布检验	年份	资料来源
1	94	—	—	4.9	0.85	17.3	正态	1979	七冶建研所
2	50	13.6	2.5	6.7	0.83	12.4	正态	1980	贵州建材所
3	50	16.0	11.56	9.3	0.77	8.3	对数正态	1980	四局建研所
4	50	9.8	6.76	5.9	0.78	13.2	正态	1980	广州建材所
5	48	8.5	3.3	3.7	0.67	18.1	正态	1980	广西建材所
6	50	9.6	11.95	6.0	0.95	15.8	正态	1980	安徽建研所
7	50	8.0	15.0	8.2	0.91	11.1	正态	1979	四川建研院
8	50	13.5	5.0	8.8	0.89	9.6	正态	1980	四川建研院
$\sum$442				平均 13.2%					

3．一些因素对砌体抗压强度的影响

表 4-3 列出了一些因素对小砌块砌体抗压强度的影响：（1）错孔砌筑与对孔砌筑；（2）芯孔中填素混凝土与不填芯；（3）用水泥砂浆砌筑与混合砂浆砌筑；（4）190mm 厚墙体不同长度；（5）砌体不同厚度的比较。

砌体抗压强度不同因素对比试验结果　　　　　表 4-3

序号	试验项目	试件数量(n)	分析结果	试验单位	符号注释
1	错孔砌筑与对孔砌筑比较	78	$R_c/R_d = 0.805 \approx 0.8$ (0.73~0.83)	四局建研所、贵州河南建材所	R_c—错孔砌筑抗压强度 R_d—对孔砌筑抗压强度
2	填心砌体与空心砌体比较	156	$R_c/R = 1.82$ (1.62~2.16)	四局、广西、四川建研所、河南、广州建材所	R_c—素混凝土填心砌体抗压强度 R—标准砌体抗压强度
3	纯水泥浆与混合砂浆砌筑比较	46	$R_纯/R_混 = 0.85$ (0.80~0.88)	四川建研院	$R_纯$—水泥砂浆砌筑抗压强度 $R_混$—混合砂浆砌筑抗压强度
4	同厚度墙体不同长度比较	47	$R_{19}/R_b = 0.99$ (0.74~1.19)	广东建研所、贵州建材所	R_{19}—190mm 厚不同长度砌体抗压强度 R_b—标准砌体抗压强度
5	不同厚度砌体比较	125	$R_{39}/R_{19} = 0.75$ (0.66~0.88)	七冶建研所陕西、四川建研院	R_{39}—390mm 厚砌体抗压强度 R_{19}—标准砌体抗压强度

表4-4列出了砌体不同断面形状时,砌体抗压强度的试验结果。

砌体断面形状修正系数值　　　　　　　　　表4-4

序号	砌体断面尺寸(cm)	砌体断面形状	修正系数
1	19厚墙砌体		1.00
2	39×39柱砌体		0.87
3	39×49柱砌体		0.84
4	39×59柱砌体		0.80

二、砌体抗压强度设计值

1. 小砌块的《82规程》

在编制《混凝土空心小型砌块建筑设计与施工规程》(JGJ14—82)时,考虑到当时使用经验不足,砌块生产工艺和质量不稳定等因素,偏于安全考虑,将式(4-2)两项各乘以0.75系数,作为砌体受压强度的计算公式,即:

$$R = 0.3R_k + 0.2\sqrt{R_k \times R_2} \tag{4-7}$$

2.《砌体结构设计规范》(GBJ3—88)

我国现行的《砌体结构设计规范》（GBJ3—88），在对国内外砌体抗压强度公式分析的基础上，对各种块体材料的砌体，采用了形式上比较一致的计算公式，即：

$$f_m = k_1 f_1^{\alpha}(1 + 0.07 f_2) k_2 \tag{4-8}$$

式中 f_m——砌体抗压强度平均值（MPa）；

f_1、f_2——分别为块体和砂浆的抗压强度平均值；

k_1——与块体类别和砌体砌筑方法有关的参数，小砌块 $k_1 = 0.46$；

α——与块体高度有关的系数，小砌块 $\alpha_1 = 0.9$；

k_2——砂浆强度较低或较高时对砌体抗压强度的修正系数，当 $f_2 = 0$ 时，$k_2 = 0.8$；$f_2 \neq 0$ 时，$k_2 = 1.0$。一般情况砂浆强度 $f_2 \neq 0$，式（4-8）可写为：

$$f_m = 0.46 f_1^{0.9}(1 + 0.07 f_2) \tag{4-9}$$

为了方便使用，规范（GBJ3—88）列出了由砌块和砂浆强度等级，直接从表4-5中查得龄期为28天的以毛截面计算的小砌块砌体抗压强度设计值。

混凝土小型空心砌块砌体的抗压强度设计值 f（MPa） 表4-5

砌块强度等级	砂浆强度等级				砂浆强度
	M10	M7.5	M5	M2.5	0
MU15	4.29	3.85	3.41	2.97	2.02
MU10	2.98	2.67	2.37	2.06	1.40
MU7.5	2.30	2.06	1.83	1.59	1.08
MU5	—	1.43	1.27	1.10	0.75
MU3.5	—	—	0.92	0.80	0.54

注：1. 对错孔砌筑的砌体，应按表中数值乘以0.8。

2. 对独立柱或厚度为双排砌块的砌体，应按表中数值乘以0.7。

3. 对T形截面砌体，应按表中数值乘以0.85。

4. 对用不低于砌块材料强度的混凝土灌实的砌体，可按表中数值乘以系数 φ_1，$\varphi_1 = \dfrac{0.8}{1-\delta} \leq 1.5$，$\delta$ 为砌块空心率。

3.《混凝土小型空心砌块建筑技术规程》(JGJ/T14—95)

近十年来,有关科研单位对高强砌块(MU20)砌体进行研究,并对表4-5注4进行补充,见表4-6。

混凝土小砌块砌体的抗压强度设计值(MPa)　　表4-6

| 小砌块强度 | 砂浆强度等级 | | | | 砂浆强度 |
等　级	M10	M7.5	M5	M2.5	0
MU20	5.28	4.74	4.20	3.85	2.48
MU15	4.29	3.85	3.41	2.97	2.02
MU10	2.98	2.67	2.37	2.06	1.40
MU7.5		2.06	1.83	1.59	1.08
MU5			1.27	1.10	0.75
MU3.5				0.8	0.54

注:1. 对错孔砌筑的砌体,应按表中数值乘以0.8。
　　2. 对独立柱或厚度为双排砌块的砌体,应按表中数值乘以0.7。
　　3. 对T形截面砌体,应按表中数值乘以0.85。
　　4. 对用不低于砌块材料强度的混凝土灌实的砌体,可按表中数值乘以系数φ_1,$\varphi_1 = \frac{0.8}{1-\delta} \leq 1.5$,$\delta$为砌块空心率。

在修订95小砌块建筑技术规程前,收集了十个单位116组818个小型砌块对孔砌筑的砌体抗压强度试验数据。对收集的试验资料进行统计分析后,采用了《砌体结构设计规范》GBJ3—88的强度计算公式进行计算,计算结果在砌块强度$f_1 > 15MPa$、砂浆强度$f_2 > 10MPa$范围内应用,式(4-9)计算值高于试验值,偏于不安全。因此,取用规程砌体的抗压强度设计值时,应限于表4-6中的取值范围。其次,当砂浆强度高于砌块强度时,公式计算值也偏高,在表4-6中对这种情况作了限制。

95小砌块建筑技术规程表4-6中注(4)为:对用不低于C15混凝土灌实的砌体,可取表中数值乘以系数Φ_l,$\Phi_l = (0.8/1-\delta) \leq 1.5$,$\delta$为小砌块空心率,对部分孔洞用混凝土灌实的砌体,可依照上式按面积比折算。

4.T形截面小砌块砌体抗压强度设计值

表4-6列出了小砌块砌体的抗压强度设计值 f，表中数值采用190mm厚小砌块砌体。对于独立柱或厚度为双排砌块的砌体，表中 f 值应乘以0.7，对T形截面砌体，其砌体抗压强度设计值还应乘以0.85，当砌体中砌块孔洞用 C_{15} 混凝土灌实时，其 f 值应乘以强度提高系数 Φ_l。

下面根据T形截面墙体砌块孔洞是否填实分为下列三种情况：

（1）砌块孔洞未填实：

对于砌块孔洞未填实的T形截面墙体，其砌体抗压强度设计值为：

$$f_1 = 0.85 \times \left(\frac{0.7 \times A_1 + A_2}{A_1 + A_2}\right) f \qquad (4-10)$$

式中　A_1——壁柱面积，$A_1 = b \times 0$，见图4-4；

　　　A_2——翼墙面积，$A_2 = (B - b) d$；

　　　B——带壁柱墙的计算宽度；

　　　b——带壁柱墙的柱宽度；

　　　d——翼墙厚度；

　　　f——小砌块砌体抗压强度设计值。

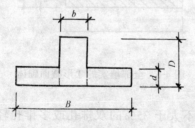

图4-4　不填实的T形截面砌体

（2）壁柱孔洞填实：

对壁柱用混凝土填实的T形截面墙体，见图4-5，其 f_1 为：

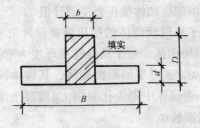

图 4-5 中柱填实的 T 形截面砌体

$$f_1 = 0.85 \times \left(\frac{0.7\Phi_l A_1 + A_2}{A_1 + A_2}\right) \times f \qquad (4\text{-}11)$$

(3) 壁柱和翼墙孔洞全部填实:

对壁柱和翼缘孔洞全部填实的 T 形截面墙体,见图 4-6,其 f_1 为:

$$f_1 = 0.85\Phi_l \times \left(\frac{0.7A_1 + A_2}{A_1 + A_2}\right) f \qquad (4\text{-}12)$$

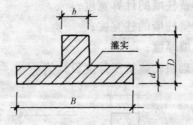

图 4-6 全部填实的 T 形截面砌体

对于空心率不大于 35% 的双排孔或多排孔轻骨料混凝土小砌块,其砌体抗压强度设计值应按下列规定采用:(1) f 值可按表 4-6 中的数值乘以 1.1 后采用;(2) 对用不低于 C_{15} 轻骨料混凝土灌实的砌体,可再乘以系数 Φ_l;(3) 对厚度方向为双排孔轻骨料混凝土小砌块的砌体,应按表 4-6 中的数值乘以 0.9。

对于砂浆尚未硬化的新砌砌体,可按砂浆强度为零确定砌体抗压强度设计值。

5．小砌块砌体抗压强度调整系数

对于下列各种情况的砌体，砌体抗压强度设计值 f 分别乘以调整系数 γ_a，见表 4-7。

小砌块砌体抗压强度设计值调整系数　　　　表 4-7

使 用 情 况	γ_a
有吊车房屋和跨度 $l \geqslant 7.5m$ 的多层房屋	0.9
构件截面面积 $A < 0.3m^2$	$0.7 + A$
使用水泥砂浆砌筑的砌体	0.85
验算施工中房屋的构体时	1.1

三、砌体弯曲抗压强度设计值

小砌块砌体弯曲抗压强度设计值，由于压区压应力的不均匀性，其值高于小砌块砌体抗压强度设计值，表 4-8 中数值可供参考。

混凝土小型空心砌块砌体弯压强度设计值 f_f（MPa）　　表 4-8

砌块强度等级	砂浆强度等级			
	M15	M10	M7.5	M5.0
MU20	7.64	6.34	5.69	5.04
MU15	6.22	5.15	4.62	4.09
MU10	4.37	3.58	3.20	2.84
MU7.5	—	2.76	2.47	2.20
MU5.0	—	—	1.72	1.52

第二节　小砌块砌体抗拉、抗弯和抗剪强度

一、砌体抗剪强度和弯曲抗拉强度试验

1．砌体沿水平灰缝的抗剪强度试验

小砌块沿水平灰缝抗剪强度试验的试件尺寸为 590mm×

190mm×590mm,试验装置见图 4-7。汇总六个单位用混合砂浆砌筑的 179 个试验数据,得出下列回归方程:

$$R_j = 0.232\sqrt{R_2} \qquad (4-13)$$

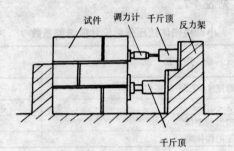

图 4-7 剪切试验加荷示意图

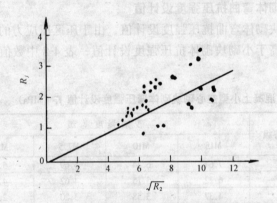

图 4-8 砌块砌体水平灰缝抗剪强度回归分析图

$$R_j = 0.232\sqrt{R_2}(R^* = 0.68),$$

试件数量 179 个,分为 22 组。

"·"——平均值

由于小砌块砌体的抗剪强度按砌体的毛截面计算,砌体的受剪面积为砌块的肋和壁的接触面积。因此,小砌块砌体的抗剪强度约为砖砌体抗剪强度的一半左右。表 4-9 为小砌块砌体抗剪强度的试验资料。

砌块砌体沿水平灰缝抗剪强度 表 4-9

序号	砂浆强度 R_2 (MPa)	试件数量 (n)	抗剪强度 (MPa) 试验值 R'_j	抗剪强度 (MPa) 回归值 R_j	R'_j/R_j	资料来源
1	3.72	50	0.137	0.14	0.98	贵州建材所
2	2.74~11.46	36	0.085~0.220	0.121~0.246	0.91	广州建材所
3	4.21~9.70	26	0.156~0.339	0.149~0.225	1.25	河南建材所
4	4.8~11.17	36	0.106~0.316	0.159~0.243	1.07	广西建研所
5	5.49~9.8	14	0.107~0.22	0.169~0.227	0.81	安徽建研所
6	2.45~10.39	17	0.121~0.245	0.114~0.234	1.18	四川建研院
		Σ179				

2. 砌体沿通缝截面弯曲抗拉强度试验

砌体试件采用 K_1（390mm×190mm×190m）和 K_3（190mm×190mm×190mm）两种小砌块砌筑六皮见图 4-9（a），尺寸为 390mm×190mm×1200mm，试验时水平放置见图 4-9（b），砌筑砂浆强度为 2.5MPa、5MPa 和 10MPa 三种混合砂浆，每种砂浆砌筑 5 个试体。

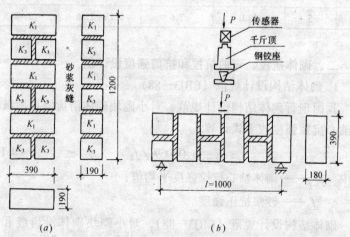

图 4-9 试件砌剁和试验装置图

13个试件的破坏是在加载作用点处灰缝断裂,砌块本身没有破坏。小砌块砌体沿通缝截面的弯曲抗拉强度按下式计算:

$$R_w = \frac{M_c}{W} = \frac{3}{4}(2P_1 + P_2)\frac{l}{bh^2} \qquad (4\text{-}14)$$

式中　M_c——跨中截面弯矩;

　　　W——砌体截面抵抗矩;

　　　P_1——荷载(包括千斤顶、钢铰座等重量);

　　　P_2——砌体试件自重;

　　　l——跨度;

　　　b、h——试件截面的宽度和高度。

试验结果列于表4-10。

砌体沿通缝截面弯曲抗拉强度试验结果　　　　表4-10

序号	试件数量	砂浆强度(MPa)		弯曲抗拉强度 R_w (kg/cm²)	
		设计	实则	实测值	平均值
1	4	2.5	2	0.97～1.90	1.40
2	4	5.0	4.5	1.44～2.34	1.75
3	5	10.0	7.6	2.15～2.86	2.48

二、砌体抗拉、弯曲抗拉和抗剪强度设计值

1. 砌体结构设计规范(GBJ3—88)

我国现行砌体结构设计规范,对小砌块砌体沿齿缝截面破坏的轴心抗拉强度按下式计算:

$$f_{t,m} = 0.069\sqrt{f_2} \qquad (4\text{-}15)$$

式中　$f_{t,m}$——砌体轴心抗拉强度平均值;

　　　f_2——砂浆抗压强度。

砌体结构设计规范(GBJ3—88),对小砌块砌体沿齿缝和通缝截面破坏的弯典抗拉强度按下式计算:

$$f_{tm,m} = k_4\sqrt{f_2} \qquad (4\text{-}16)$$

式中 $f_{tm,m}$——砌体弯曲抗拉强度平均值；

k_4——系数，沿齿缝 $k_4=0.081$，沿通缝 $k_4=0.056$。

砌体结构设计规范（GBJ3—88），对小砌块砌体沿通缝截面抗剪强度按下式计算：

$$f_{v,m} = 0.069\sqrt{f_2} \tag{4-17}$$

表 4-11 和表 2-12 列出了小砌块砌体轴心抗拉强度，弯曲抗拉强度和抗剪强度的设计值和标准值。

沿砌体灰缝截面破坏时的轴心抗拉强度设计值 f_t、弯曲抗拉强度设计值 f_{tm} 和抗剪强度设计值 f_v（MPa）　　表 4-11

强度类别	破坏特征	砂浆强度等级			
		M10	M7.5	M5	M2.5
轴心抗拉	沿齿缝	0.10	0.08	0.07	0.05
弯曲抗拉	沿齿缝	0.12	0.10	0.08	0.06
	沿通缝	0.08	0.07	0.06	0.04
抗　剪		0.10	0.08	0.07	0.05

注：1. 当砌块搭接长度与块体高度的比值小于 1 时，其 f_t 和 f_{tm} 应按表中数值乘以比值后采用；

2. 用水泥砂浆砌筑时，表中数值乘调整系数 $\gamma_a = 0.75$。

沿砌体灰缝截面破坏时的轴心抗拉强度标准值 $f_{t,k}$、弯曲抗拉强度标准值 $f_{tm,k}$ 和抗剪强度标准值 $f_{v,k}$（MPa）　　表 4-12

序号	强度类别	破坏特征	砌体种类	砂浆强度等级			
				M10	M7.5	M5	M2.5
1	轴心抗拉	沿齿缝	混凝土小型空心砌块	0.15	0.13	0.10	0.07
2	弯曲抗拉	沿齿缝	混凝土小型空心砌块	0.17	0.15	0.12	0.09
		沿通缝		0.12	0.10	0.08	0.06
3	抗剪		混凝土小型空心砌块	0.15	0.13	0.10	0.07

2. 混凝土小型空心砌块建筑技术规程（JGJ/T14—95）

95 小砌块建筑技术规程，对龄期为 28 天、以毛截面计算的混凝土小砌块砌体的弯曲抗拉强度设计值和抗剪强度设计值,可按表 4-13 采用。

小砌块砌体的弯曲抗拉强度设计值、抗剪强度设计值(MPa)

表 4-13

强度类别	破坏特征	砂浆强度等级			
		M10	M7.5	M5	M2.5
弯曲抗拉	沿齿缝截面	0.12	0.10	0.08	0.06
	沿通缝截面	0.08	0.07	0.06	0.04
抗 剪	沿通缝或阶梯形截面	0.10	0.08	0.07	0.05

注:对空心率不大于 35%的双排孔或多排孔轻骨料混凝土小砌块砌体,可按表中数值乘以 1.1。

由于小砌块空心率较大,且块体尺寸较大,上下两皮砌块砌筑时,接触面积相对较小,不应用于轴心受拉构件。故表 4-13 中取消了轴心抗拉强度指标。特殊情况下需用轴心受拉构件,应从设计计算、构造和施工方面采取严格的措施。

第三节 小砌块砌体的弹性模量、线膨胀系数和摩擦系数

一、砌体的弹性模量

小型砌块砌体的弹性模量是由轴心受压时的应力应变关系确定的。砌体的试件与砌体轴心抗压强度试件相同,测量砌体竖向压缩变形的标距 D 取 400mm,标距内包含两条水平灰缝,如图 4-10 所示,每级荷载下的变形取两侧变形的平均值。小砌块砌体属于弹塑性材料,应力应变服从对数曲

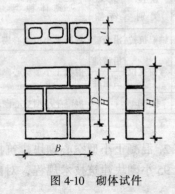

图 4-10 砌体试件

线,即:

$$\varepsilon = -\alpha \ln\left(1 - \frac{\sigma}{R}\right) \tag{4-18}$$

式中 ε——压缩应变,以 10^{-4} 计量;

$\frac{\sigma}{R}$——砌体的压应力与极限强度的比值;

α——与砂浆强度有关的系数。

小砌块砌体的弹性模量采用与砖石砌体相同的原则来确定,即在应力—应变曲线上取 $\sigma=0.43R$ 处的割线模量。由此,根据试验资料可确定砌体实测弹性模量 E' 的计算公式:

$$E' = \frac{\sigma}{\varepsilon} = \frac{0.43R'}{-\alpha \ln 0.57} \approx 0.765 \frac{R'}{\alpha} \times 10^{-4} \tag{4-19}$$

式中 R'——砌体抗压强度的试验值。

根据有关科研单位进行的小砌块砌体轴心受压试体中,选取了 173 个数据,归纳为三种砂浆强度:2.45MPa(25kgf/cm²)、4.9MPa(50kgf/cm²)和 9.8MPa(100kgf/cm²),其正负偏差不超过 20%,以此进行分析比较,如表 4-14 所示。

砌块砌体弹性模量分析比较表　　表 4-14

序号	试件数量(n)	砂浆强度(MPa)	砂浆强度(MPa)	砌体强度(MPa)		变形实验系数 a	弹性模量 E ($\times 10^{-4}$MPa)		E'/E_{73}	资料来源
				R'	R_{73}		E'	E_{73}		
1	21	2.45	2.45 (2.35~2.55)	6.27 (5.1~7.1)	2.8 (2.3~3.2)	18.6 (16~22)	0.259 (0.216~0.299)	0.273 (0.219~0.318)	0.95 (0.87~0.99)	河南建材所广
2	65	4.9	4.8 (3.92~5.29)	7.65 (7.1~9.3)	2.94 (2.1~3.6)	15.7 (14~18)	0.377 (0.296~0.41)	0.329 (0.235~0.405)	1.19 (0.99~1.73)	西建研所贵州建材所四局建
3	87	9.8	10.68 (9.1~11.56)	7.0 (4.9~9.3)	3.8 (2.3~3.9)	12.1 (8~16)	0.478 (0.258~0.762)	0.429 (0.257~1.046)	1.23 (0.73~2.39)	研所四川建研院
Σ173									总平均 1.12	

注:1. 表中 R_{73} 值是按 73 规范中砌块体强度计算公式和第 5 条有关规定计算的。

2. 表中 E_{73} 值是按 73 规范表 7 及其附注的规定计算的。

《砌体结构设计规范》(GBJ3—88)规定的小砌块砌体弹性模量见表 4-15。

小型砌块砌体的弹性模量 (MPa)　　　　表 4-15

砌体种类	砂浆强度等级			
	M10	M7.5	M5	M2.5
混凝土小型空心砌块	$1600f$	$1500f$	$1400f$	$1200f$

注：表中 f 为砌体抗压强度设计值。

二、砌体的剪变模量

国内外对砌体剪变模量的试验研究进行得极少。根据材料力学，剪变模量为：

$$G = \frac{E}{2(1+v)} \tag{4-20}$$

式中　G——剪变模量；

v——砌体的泊松比，取 $v=0.15$，得：

$$G = \frac{E}{2(1+0.15)} = 0.43E \tag{4-21}$$

我国现行的《砌体结构设计规范》(GBJ3—88)中近似取 $G=0.4E$，见表 4-16。

小砌块砌体的剪变模量 G (MPa)　　　　表 4-16

砂浆强度等级	M10	M7.5	M5	M2.5
剪变模量	$640f$	$600f$	$560f$	$400f$

三、砌体的线膨胀系数和摩擦系数

小砌块砌体的线膨胀系数为 $10 \times 10^{-5}/℃$。摩擦系数见表 4-17。

摩擦系数　　　　表 4-17

材料类别	摩擦面情况	
	干燥的	潮湿的
砌体沿砌体或混凝土滑动	0.70	0.60
木材沿砌体滑动	0.60	0.50
钢沿砌体滑动	0.45	0.35
砌体沿砂或卵石滑动	0.60	0.50
砌体沿砂质粘土滑动	0.55	0.40
砌体沿粘土滑动	0.50	0.30

第五章 无筋小砌块建筑结构设计

第一节 小砌块结构的设计方法

一、小砌块砌体结构设计方法的发展

1.《混凝土空心小型砌块建筑技术规程》(JGJ14—82)

《小型砌块建筑技术规程》(JGJ14—82)是以《砖石结构设计规范》(GBJ3—73)为蓝本,并根据试验资料,对砌体的计算指标和构件强度的一些计算方法及部分构造要求作适当调整而编制的。另外还列入了适用于7度地震区的抗震强度验算和抗震构造措施。

《砖石结构设计规范》(GBJ3—73),其表达式为:

$$KN_k \leqslant \Phi(f_m, \alpha) \tag{5-1}$$

式(5-1)是表示砌体构件截面内可能产生的最大内力不大于该截面的最小承载力。它是在试验研究和一定理论分析的基础上,考虑各种影响构件安全度的因素,并与长期的实践经验相结合而制定的,是采用多系数分析、单一安全系数表达的半概率、半经验的极限状态设计法。

影响砌体结构安全系数 K 的因素很多,主要有下列五个:

$$K = k_1 \times k_2 \times k_3 \times k_4 \times k_5 \times c \tag{5-2}$$

式中 k_1——砌体强度变异影响系数,取 $k_1 = 1.5$;

k_2——砌体因材料缺乏系统试验的变异影响系数,取 $k_2 = 1.15$;

k_3——砌筑质量变异影响系数,取 $k_3 = 1.1$;

k_4——构件尺寸偏差、计算公式假定与实际不完全相符等

变异影响系数，取 $k_4 = 1.1$；

k_5——荷载变异影响系数，取 $k_5 = 1.2$；

c——考虑各种最不利因素同时出现的组合系数，取 $c = 0.9$。

按式 (5-2)，砖砌体受压构件的安全系数 $K = 1.5 \times 1.15 \times 1.1 \times 1.1 \times 1.2 \times 0.9 = 2.25$，最后取 $K = 2.3$。简单地归纳来说，砖砌体受压构件的安全系数 2.3 是对应于荷载变异影响系数取 1.2，砌体抗压强度取其平均值的结果。表 5-1 为不同受力情况下砌体的安全系数 K。

安全系数 K 表5-1

砌体种类	受力情况		
	受压	受弯、受拉和受剪	倾覆和滑移
砖、石、砌块和空斗砌体	2.3	2.5	1.5
毛石砌体	3.0	3.3	

注：1. 在下列情况下，表中 K 值应予以提高：

    (1) 有吊车的房屋——10%；

    (2) 特殊重要的房屋和构筑物——10%~20%；

    (3) 截面面积 A 小于 $0.35m^2$ 的构件——$(0.35 - A) \times 100\%$。

2. 当验算正在施工中的房屋时，K 值可降低 10%~20%。

3. 当有可靠依据时，K 值可适当调整。

4. 配筋砌体构件的 K 值另详。

2.《混凝土小型空心砌块建筑技术规程》(JGJ/T14—95)

《小型砌块建筑技术规程》(JGJ/T14—95) 是以《砌体结构设计规范》(GBJ3—88) 和《建筑抗震设计规范》(GBJ11—89) 基础上增补了一些内容，其中包括多层砌体房屋的总高度、层数和构造措施，以及近年来的实践经验和科学试验。

《砌体结构设计规范》(GBJ3—88) 采用以概率理论为基础的极限状态设计方法，用可靠指标度量结构的可靠度，用分项系数设计表达式进行设计。

二、极限状态设计方法

整个结构或结构的一部分,超过某一特定状态时就不能满足设计规定的某一功能要求,此特定状态称为该功能的极限状态。结构的极限状态分两类:承载力极限状态和正常使用极限状态。

1. 小砌块结构构件的可靠度和可靠指标

结构构件的可靠度宜采用可靠指标度量。结构构件的可靠指标应根据基本变量的平均值、标准差及其概率分布类型进行计算。当仅有作用效应和结构抗力两个基本变量且均按正态分布时,结构构件的可靠指标可按下列公式计算:

$$\beta = \frac{\mu_R - \mu_s}{\sqrt{\sigma_R^2 + \sigma_s^2}} \qquad (5-3)$$

式中 β——结构构件的可靠指标;

μ_R、σ_R——结构构件抗力的平均值和标准差;

μ_s、σ_s——结构构件作用效应的平均值和标准差。

《建筑结构设计统一标准》(GBJ68—84)根据结构破坏可能产生的后果的严重性,将建筑结构的安全等级划分成三级,见表5-2。

建筑结构的安全等级　　　　表5-2

安 全 等 级	破 坏 后 果	建 筑 物 类 型
一级	很严重	重要的工业与民用建筑物
二级	严重	一般的工业与民用建筑物
三级	不严重	次要的建筑物

小砌块结构属于脆性破坏,其安全等级为二级时,其相应的允许可靠指标 $[\beta]$ = 3.7。

2. 小砌块结构的设计表达式

$$\gamma_0 S \leq R \qquad (5-4)$$

式中 γ_0——结构重要性系数。对安全等级为一级、二级、三级的小砌块结构构件,可分别取1.1、1.0、0.9;

S——结构的作用效应,分别表示为轴向力设计值 N、弯矩设计值 M 和剪力设计值 V 等;

R——结构构件的抗力。

$$S = \gamma_G C_G G_K + \gamma_{Q1} C_{Q1} Q_{1K} + \sum_{i=2}^{n} \gamma_{Qi} C_{Qi} \psi_{Ci} Q_{iK} \tag{5-5}$$

式中 γ_G——永久荷载分项系数,一般情况下可取 1.2,当永久荷载效应对强度有利时,宜取 1.0;

γ_{Q1}、γ_{Qi}——分别为第一个和第 i 个可变荷载分项系数,一般情况下可取 1.4;

C_G、G_K——分别为永久荷载的效应系数和标准值;

Q_{1K}——第一个可变荷载的标准值,该可变荷载标准值的效应大于其他任意第 i 个可变荷载标准值的效应;

Q_{ik}——其他第 i 个可变荷载的标准值;

C_{Q1}、C_{Qi}——第一个可变荷载和其他第 i 个可变荷载的荷载效应系数;

ψ_{ci}——第 i 个可变荷载的组合值系数,当风荷载与其他可变荷载组合时,可均采用 0.6。

$$R = R(f_d、\alpha_k,\cdots\cdots) \tag{5-6}$$

式中 $R(\cdot)$——结构构件的抗力函数;

α_k——几何参数标准值;

f_d——小砌块砌体的强度设计值。

$$f_d = \frac{f_k}{\gamma_f} = \frac{f_m(1 - 1.645\delta_f)}{\gamma_f} \tag{5-7}$$

式中 f_k——小砌块砌体强度标准值;

f_m——小砌块砌体强度平均值;

δ_f——小砌块砌体强度变异系数,$\delta_f = 0.14$(抗压),$\delta_f = 0.2$(抗拉、抗弯、抗剪);

γ_f——小砌块砌体结构材料性能分项系数,是一个反映材料强度变异和构件抗力等因素有关的综合性影响因素。《砌体结构设计规范》(GBJ3—88)中取 $\gamma_f = 1.5$。

3. 小砌块砌体构件可靠指标 β 值

小砌块砌体结构在住宅、办公楼、学校等建筑中应用较多，这类建筑的荷载效应比一般在 0.1~0.5 范围内变动，计算可靠指标 β 时采用 ρ 的比值为 0.1、0.25、0.5。

小砌块砌体结构通常为刚性方案，计算可靠度时采用了恒载加住宅楼面活载和恒载加办公楼楼面活载两种荷载效应组合，永久荷载分项系数取 1.2，可变荷载分项系数取 1.4。

荷载统计参数按《建筑结构设计统一标准》(GBJ68—84) 规定的统计参数取值：

恒载 G：　　$K = 1.60$　　$\delta_G = 0.070$

办公室楼面活载 Q：　$K = 0.698$　$\delta_Q = 0.2882$

住宅楼面活载 Q：　　$K = 0.8585$　$\delta_Q = 0.2326$

(K 为统计参数平均值；δ_Q 为统计参数变异系数)

用一次二阶矩验算点法计算小砌块砌体受压构件和受剪构件设计表达式内涵的可靠指标 β 值见表 5-3 和表 5-4。

可靠指标 β 值　　　表 5-3

ρ 值 \ 组合方式	恒载+住宅楼面活载	恒载+办公室楼面活载
0.1	3.6056	3.6529
0.25	3.7467	3.8535
0.5	3.8729	4.0424
平均值	3.7417	3.8494
	3.7956	

注：ρ 为可变荷载效应与永久荷载效应之比。

砌体受剪构件设计表达式内涵的可靠指标 β　　表 5-4

砌体名称	$\rho = 0.1$	$\rho = 0.25$	$\rho = 0.5$	β 的平均值
小型砌块砌体	3.765	3.903	4.024	3.897

第二节 受压构件承载能力计算

本节将对无筋小砌块受压构件的承载能力进行讨论。

一、砌体偏心受压影响系数

当小砌块短柱轴心受压,砌体抗压强度为 f_m,截面面积为 A 时,该柱能承受的轴向压力为:

$$N = Af_m \tag{5-8}$$

若偏心受压时,偏心矩为 e,按匀质材料力学的假定,截面应力按线性分布,截面较大受压边缘的应力 σ 为:

$$\sigma = \frac{N_e}{A} + \frac{N_e e}{I} y$$

$$= \frac{N_e}{A}\left(1 + \frac{ey}{I}\right) \tag{5-9}$$

式中 e——轴向力 N_e 的偏心矩;

y——截面形心至较大受压边缘的距离;

A、I、i——截面面积、惯性矩和回转半径,$i = \sqrt{\dfrac{I}{A}}$。

当上述边缘应力达 f_m 时,该柱能承受的压力为:

$$N_e = \frac{1}{1 + \dfrac{ey}{i^2}} Af_m \tag{5-10}$$

由公式 (5-10) 可得:

$$\alpha_1 = \frac{N_e}{Af_m} = \frac{1}{1 + \dfrac{ey}{i^2}} \tag{5-11}$$

对于尺寸为 b、h 的矩形截面,则:

$$\alpha_1 = \frac{1}{1 + \dfrac{be}{h}} \tag{5-12}$$

α_1 可称为按普通材料力学公式计算,当全截面受压或部分截面受压和部分截面受拉时砌体的偏心影响系数。

但是,砌体在偏心受压时:一方面由于砌体材料的塑性性质,截面应力出现重分布,应力图形并不呈线性而是呈曲线分布,随着砌体水平裂缝的发展,受压面积逐渐减小,荷载对截面的偏心距也逐渐减小;另一方面由于砌体截面应力非线性分布,截面面积有可能被削弱。因此,对于砌体的偏心受压,实用上可用一个总的系数,即砌体偏心影响系数 α 来综合考虑。

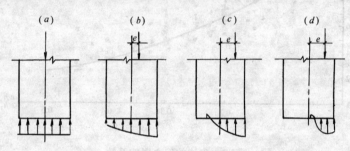

图 5-1 砌体受压时截面应力变化

根据四川省建筑科学研究所等单位对矩形、T形截面的砌体等试验结果,经统计分析,提出了砌体受压时偏心影响系数 α 的计算公式:

$$\alpha = \frac{1}{1 + \left(\dfrac{e}{i}\right)^2} \tag{5-13}$$

式中 e——轴向力偏心距;
　　　i——截面的回转半径。

对矩形截面砌体:

$$\alpha = \frac{1}{1 + 12\left(\dfrac{e}{h}\right)^2} \tag{5-14}$$

式中 h——轴向力偏心方向截面的边长。

对 T 形截面砌体：

$$\alpha = \frac{1}{1 + 12\left(\dfrac{e}{h_T}\right)^2} \qquad (5\text{-}15)$$

式中 h_T ——T 形截面的折算厚度，$h_T = 3.5i$。

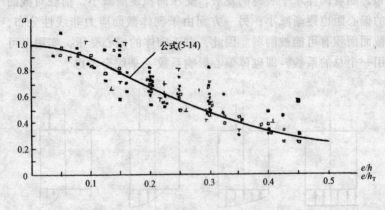

图 5-2 砌体的偏心影响系数

根据 70 个小砌块矩形截面砌体的试验结果，按式（5-14）的表达形式，求得回归方程为：

$$\alpha = \frac{1}{1 + 5\left(\dfrac{e}{h}\right)^2} \quad (\text{相关系数 } \gamma = 0.91) \qquad (5\text{-}16)$$

根据 18 个 T 形截面小砌块砌体的试验结果，其回归方程为：

$$\alpha = \frac{1}{1 + 10\left(\dfrac{e}{h_T}\right)^2} \quad (\text{相关系数 } \gamma = 0.87) \qquad (5\text{-}17)$$

图 5-3、图 5-4 和表 5-5 列出了矩形和 T 形小砌块砌体偏心影响系数的试验结果、材料力学理论值和按《砖石结构设计规范》（GBJ3—73）公式计算值进行比较。不难看出：小砌块砌体的偏心受压影响系数 α 试验值高于（GBJ3—73）规范的规定值和材料力学公式的计算值。

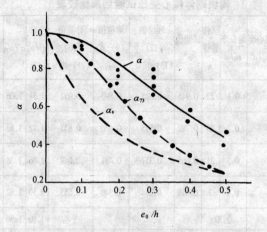

图 5-3 矩形截面砌体偏心受压试验结果
α—偏心受压影响系数;α_{73}—73 规范规定的偏心影响系数;α_s—公式导出的偏心受压影响系数(理论值);e_0—偏心矩;e_0/h—偏心率

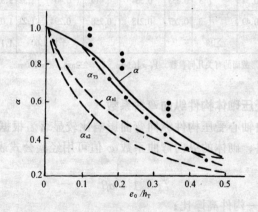

图 5-4 T 型截面砌体偏心受压试验结果
α—偏心受压影响系数;α_{73}—73 规范规定的偏心影响系数;α_s—公式导出的偏心受压影响系数(理论值);e_0—偏心矩;e_0/h—偏心率

砌块砌体偏心受压试验结果比较表　　　　表 5-5

截面形式	序号	偏心距 e_0	偏心率 e_0/d'	偏心率 e_0/d	试件数量 n	试验值 α'	理论值 (12)、(13) 式 α_s	规范值 (9) 式 α_{73}	计算值 (10)、(11) 式 α	α'/α_s	α'/α_{73}	α'/α	资料来源
矩形截面	1			0.1	22	0.945	0.625	0.893	0.952	1.51	1.06	0.99	四局建研所
	2			0.2	20	0.782	0.545	0.676	0.833	1.72	1.16	0.94	安徽建研所
	3			0.3	21	0.665	0.357	0.481	0.689	1.86	1.38	0.96	河南建材所
	4			0.4	7	0.618	0.294	0.340	0.555	2.10	1.82	1.11	四川建研院
					∑70				平均	1.80	1.36	1.00	
T形截面	5	$0.2Y_1$	0.08		3	0.708		0.929	0.940	—	—	—	四川建研院
	6	$0.2Y_2$	0.12		3	0.972	0.532	0.853	0.874	1.83	1.14	1.11	
	7	$0.5Y_1$	0.21		3	0.821	0.480	0.654	0.694	1.71	1.26	1.18	
	8	$0.5Y_2$	0.30		3	0.535	0.313	0.481	0.526	1.70	1.11	1.01	
	9	$0.8Y_1$	0.34		3	0.553	0.364	0.419	0.464	1.52	1.32	1.19	
	10	$0.8Y_2$	0.49		3	0.267	0.218	0.258	0.294	1.22	1.03	0.91	
					∑18				平均 1.60		1.17	1.08	

注：表中 T 形截面的有关几何参数，$Y_1 = 163\text{mm}$，$Y_2 = 232\text{mm}$，$d' = 380\text{mm}$。

二、受压砌体构件纵向弯曲系数

小砌块轴心受压构件纵向弯曲影响比较显著。根据砖石结构的有关资料，砌体的纵向弯曲系数 φ 值可用经验公式表示：

$$\varphi = \frac{1}{1 + \alpha\beta^2} \tag{5-18}$$

式中　β——构件高厚比；

　　　α——与砂浆有关的系数，根据三个科研单位对小砌块砌体构件的试验结果，分析得到：

当 $R_2 = \text{M5}$ 时，$\alpha = 0.0023$；

$R_2 = \text{M2.5}$ 时，$\alpha = 0.0032$。

与砖砌体构件相比较：

当 $R_2 = M2.5$ 时，$\alpha = 0.0020$；

$R_2 = M1$ 时，$\alpha = 0.0030$。

两者相差约一级砂浆等级。也就是说，小砌块砌体构件的纵向弯曲系数 φ 值比（GBJ3—73）规范中的 φ 值表低一个砂浆等级。表5-6列出了三个科研单位对小砌块构件纵向弯曲系数的试验结果 φ' 值与（GBJ3—73）φ_{73} 的比值，以及按（GBJ3—73）规范 φ 值降低一级砂浆等级的 φ'' 值的比值。

砌块砌体构件纵向弯曲系数分析表　　　　　表5-6

序号	试件数量(n)	砂浆等级(MPa)	砂浆强度R_2(MPa)	高厚比β	φ'/φ_{73}	φ'/φ''	φ''值依据的砂浆等级(MPa)	资料来源
1	9	2.45	4.11	6.3 9.5 12.6	0.89 (0.83~0.94)	1.01 (0.95~1.09)	0.98	河南建材所
2	23	4.9	4.9~8.62	6.3 9.5 12.6 15.8	0.94 (0.82~1.00)	1.05 (0.89~1.18)	2.45	贵州建材所
3	30	9.8	12.34~14.21	5.3 6.3 8.4 9.5 10.5 12.6 15.8	0.92 (0.65~1.19)	0.96 (0.69~1.30)	4.9	四川建研院
4	20	14.7	13.36	6.3 9.5 12.6 15.8	0.95 (0.91~1.01)	1.00 (0.92~1.11)	4.9	四川建研院
总 平 均					0.93	1.00		

三、小砌块受压构件承载力计算

1. 轴向力的偏心距

轴向力偏心距 e 可按下式计算：

$$e = \frac{M_K}{N_K} \tag{5-19}$$

式中　M_K、N_K——由荷载标准值求得的弯矩和轴向力标准值。

2. 受压构件承载力计算

小砌块受压构件的承载能力可按下式计算：
$$N \leqslant \varphi f A \quad (5-20)$$
式中　N——荷载产生的轴向力设计值；
　　　φ——高厚比 β 和轴向力偏心距 e 对受压构件承载能力的影响系数；
　　　f——砌体抗压强度设计值；
　　　A——构件截面面积。
轴向力的偏心距 e 应符合下列要求：
$$e \leqslant 0.7y \quad (5-21)$$
式中　y——截面重心到轴向力偏心方向截面边缘的距离，按图 5-5 取值。

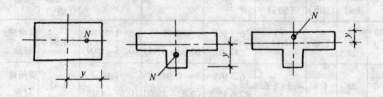

图 5-5　y 取值示意图

3. 轴向力影响系数 φ

矩形截面受压构件，$\beta \leqslant 3$ 时的影响系数为：
$$\varphi = \frac{1}{1 + 12(e/h)^2} \quad (5-22)$$
式中　e——轴向力的偏心距；
　　　h——矩形截面轴向力偏心方向的边长。
$\varphi > 3$ 时的影响系数为：
$$\varphi = \frac{1}{1 + 12\left\{\dfrac{e}{h} + \sqrt{\dfrac{1}{12}\left(\dfrac{1}{\varphi_0} - 1\right)\left[1 + 6\dfrac{e}{h}\left(\dfrac{e}{h} - 0.2\right)\right]}\right\}^2} \quad (5-23)$$

$$\varphi_0 = \frac{1}{1 + \alpha(1.1\beta)^2} \tag{5-24}$$

式中 φ_0——轴心受压稳定系数;

α——与砂浆强度等级有关的系数,

当砂浆强度 $f_2 \geqslant$ M5 时; $\alpha = 0.0015$;

当砂浆强度 $f_2 =$ M2.5 时; $\alpha = 0.002$;

当砂浆强度 $f_2 = 0$ 时, $\alpha = 0.009$;

β——构件的高厚比。

计算 T 形截面受压构件时,用折算厚度 h_T 代替式 (5-22)、(5-23) 中的 h, $h_T = 3.5i$, i 为 T 形截面的回转半径。

轴向力影响系数 φ 值用式 (5-23) 计算相当麻烦。因此,设计时可根据砂浆强度等级、高厚比 β 和 $\frac{e}{h}\left(\frac{e}{h_T}\right)$ 直接查表 5-7 得出 φ 值。

4. 受压构件的计算高度 H_0

受压构件的计算高度 H_0 应按表 5-8 采用。

受压构件的计算高度 H_0 表 5-8

房屋类别		柱		带壁柱墙或周边拉结的墙		
		排架方向	垂直排架方向	$s > 2H$	$2H \geqslant s > H$	$s \leqslant H$
单跨	弹性方案	$1.5H$	$1.0H$	$1.5H$		
	刚弹性方案	$1.2H$	$1.0H$	$1.2H$		
两跨或多跨	弹性方案	$1.25H$	$1.0H$	$1.25H$		
	刚性方案	$1.1H$	$1.0H$	$1.1H$		
刚性方案		$1.0H$	$1.0H$	$1.0H$	$0.4s + 0.2H$	$0.6s$

注:1. 对上端为自由端的构件,$H_0 = 2H$;
2. 对独立柱,当无柱间支撑时,在垂直排架方向的 H_0 应按表中数值乘以 1.25 后采用。

表 5-7 轴向力影响系数 φ

β	\multicolumn{15}{c	}{e/h_c 或 e/h_T}	砂浆强度等级
	0	0.025	0.05	0.075	0.1	0.125	0.15	0.175	0.2	0.225	0.25	0.275	0.3	0.325	0.35	
≤3	1.00	0.99	0.97	0.94	0.89	0.84	0.79	0.73	0.68	0.62	0.57	0.52	0.48	0.44	0.40	不低于 M5
4	0.97	0.94	0.90	0.85	0.80	0.74	0.68	0.63	0.57	0.52	0.48	0.43	0.39	0.36	0.33	
6	0.94	0.90	0.85	0.80	0.74	0.69	0.63	0.58	0.53	0.48	0.43	0.39	0.36	0.32	0.29	
8	0.90	0.85	0.80	0.75	0.69	0.64	0.58	0.53	0.48	0.44	0.40	0.36	0.32	0.29	0.27	
10	0.85	0.80	0.75	0.70	0.64	0.59	0.54	0.49	0.44	0.40	0.36	0.33	0.30	0.27	0.24	
12	0.79	0.75	0.70	0.65	0.59	0.54	0.50	0.45	0.41	0.37	0.33	0.30	0.27	0.24	0.22	
14	0.74	0.69	0.64	0.60	0.55	0.50	0.46	0.42	0.38	0.34	0.31	0.28	0.25	0.22	0.20	
16	0.68	0.64	0.60	0.55	0.51	0.46	0.42	0.38	0.35	0.31	0.28	0.25	0.23	0.20	0.18	
18	0.63	0.59	0.55	0.51	0.47	0.43	0.39	0.35	0.32	0.29	0.26	0.23	0.21	0.19	0.17	
20	0.58	0.54	0.51	0.47	0.43	0.40	0.36	0.33	0.30	0.27	0.24	0.22	0.19	0.17	0.16	
22	0.53	0.50	0.47	0.43	0.40	0.37	0.33	0.30	0.27	0.25	0.22	0.20	0.18	0.16	0.14	
24	0.49	0.46	0.43	0.40	0.37	0.34	0.31	0.28	0.25	0.23	0.21	0.18	0.17	0.15	0.13	
26	0.45	0.42	0.40	0.37	0.34	0.31	0.29	0.26	0.24	0.21	0.19	0.17	0.15	0.14	0.12	
28	0.41	0.39	0.37	0.34	0.32	0.28	0.27	0.24	0.22	0.19	0.18	0.16	0.14	0.13	0.11	
30	0.38	0.36	0.34	0.32	0.29	0.27	0.25	0.23	0.20	0.18	0.17	0.15	0.13	0.12	0.11	

续表

砂浆强度等级	β	\multicolumn{16}{c	}{e/h_c 或 e/h_T}
		0	0.025	0.05	0.075	0.1	0.125	0.15	0.175	0.2	0.225	0.25	0.275	0.3	0.325	0.35
M2.5	≤3	1.00	0.99	0.97	0.94	0.89	0.84	0.79	0.73	0.68	0.62	0.57	0.52	0.48	0.44	0.40
	4	0.96	0.93	0.88	0.83	0.78	0.72	0.67	0.61	0.56	0.51	0.46	0.42	0.38	0.35	0.32
	6	0.92	0.88	0.83	0.78	0.72	0.66	0.61	0.56	0.51	0.46	0.42	0.38	0.34	0.31	0.28
	8	0.87	0.82	0.77	0.72	0.66	0.61	0.55	0.51	0.46	0.42	0.38	0.34	0.31	0.28	0.25
	10	0.81	0.76	0.71	0.66	0.60	0.55	0.51	0.46	0.42	0.38	0.34	0.31	0.28	0.25	0.22
	12	0.74	0.70	0.65	0.60	0.55	0.50	0.46	0.42	0.38	0.34	0.31	0.28	0.25	0.22	0.20
	14	0.68	0.64	0.59	0.55	0.50	0.46	0.42	0.38	0.34	0.31	0.28	0.25	0.23	0.20	0.18
	16	0.62	0.58	0.54	0.50	0.46	0.42	0.38	0.35	0.31	0.28	0.25	0.23	0.21	0.18	0.17
	18	0.56	0.53	0.49	0.45	0.42	0.38	0.35	0.32	0.29	0.26	0.23	0.21	0.19	0.17	0.15
	20	0.51	0.48	0.45	0.41	0.38	0.35	0.32	0.29	0.26	0.24	0.21	0.19	0.17	0.15	0.14
	22	0.46	0.43	0.41	0.38	0.35	0.32	0.29	0.27	0.24	0.22	0.20	0.18	0.16	0.14	0.13
	24	0.42	0.40	0.37	0.35	0.32	0.29	0.27	0.24	0.22	0.20	0.18	0.16	0.14	0.13	0.12
	26	0.36	0.36	0.34	0.32	0.29	0.27	0.25	0.23	0.20	0.18	0.17	0.15	0.13	0.12	0.11
	28	0.35	0.33	0.31	0.29	0.27	0.25	0.23	0.21	0.19	0.17	0.15	0.14	0.12	0.11	0.10
	30	0.31	0.30	0.29	0.27	0.25	0.23	0.21	0.19	0.18	0.16	0.14	0.13	0.11	0.10	0.09

表 5-8 中的构件高度 H，在多层房屋或单层房屋的底层，取楼板到构件下端支点的距离，下端支点的位置，可取在基础顶面，当埋深较深时，则可取室内地面或室外地面下 300~500mm 处。在多层房屋的其他层，取楼板或其他水平支点间的距离。对于山墙，可取层高加山墙尖高度的 1/2，山墙壁柱，则可取壁柱处的山墙高度。

5．小砌块砌体的重量

由于小型砌块的壁、肋用混凝土，中间空心，孔中可填实等特点，所以计算小型砌块砌体重量时，应考虑以下一些因素：

(1) 砌块混凝土及砌筑砂浆的密度；
(2) 砌块的空心率；
(3) 砌体中各种块型所占的比例；
(4) 砌体在墙体中的部位，如长墙、窗间墙、柱等；
(5) 孔洞填实与否；
(6) 配筋砌体中钢筋的含量。

砌块砌体的重量可按下式计算：

$$G = C(1 - \delta)\gamma V \tag{5-25}$$

式中 δ——主砌块的空心率；
γ——小砌块混凝土材料的密度；
V——小砌块体积；
C——砌块重量系数，与上述考虑因素有关，其值在 1.0 ~ 2.0 之间，若孔中填实并插筋较多时，其值可能大于 2.0。

各地可根据当地砌块系列的空心率及砌筑方法，拟定当地砌块砌体重量表。

下面列出一些砌块砌体重量的计算资料，见表 5-9，供设计人员参考使用。

一般混凝土砌块砌体重量表 表 5-9

墙 厚 (mm)	一般墙体 (kN/m²)			清水窗间墙 (kN/m²)	清水独立柱 (kN/m³)	清水填实砌体 (kN/m²)	清水填实砌体 (kN/m³)
	清水	单面粉刷	双面粉刷				
90	1.7	2.04	2.38			2.1	
190	2.7	3.04	3.38	3.1		4.3	
双排孔 190	3.1	3.44	3.78	3.1	16.0		22.0

注：1. 390mm 厚墙体按 190mm 厚清水墙体的两倍计算。

2. 带壁柱墙的壁柱部分按独立柱计算，翼缘部分按墙体计算。

3. 填实砌体系指全部孔洞填实，其他各项砌体均已考虑局部填实，不必另行计算。

【例 5-1】 已知小砌块柱截面尺寸为 390mm × 590mm，用 MU10 砌块、M5 混合砂浆砌筑，砌块空心率为 45%，空心部位用 C15 细石混凝土灌实，柱子的计算高度 $H_0 = 6.0m$，承受荷载设计值 $N = 270kN$，偏心距 $e = 89mm$。试验算该柱的承载力。

【解】 1. 验算长边方向（偏心受压）

MU10 砌块、M5 混合砂浆，查表 3-6 得 $f = 2.37MPa$；

灌实砌体强度提高系数：

$$\Phi_l = [0.8/(1-8)] = \frac{0.8}{1-0.45} = 1.45$$

独立柱 f 值调整系数 0.7

柱截面面积：$A = 0.37 \times 0.59 = 0.23m^2 < 0.3m^2$

强度设计调整系数 $\gamma_a = 0.7 + A = 0.7 + 0.23 = 0.93$

$$\beta = \frac{H_0}{h} = \frac{6000}{590} = 10.2 < [\beta] = 16$$

$$\frac{e}{h} = \frac{89}{590} = 0.15$$

根据 β 和 $\frac{e}{h}$ 查表 5-7 得 $\varphi = 0.54$

$\varphi(0.7\gamma_a\Phi f)A = 0.54 \times 0.7 \times 0.93 \times 1.45 \times 2.37 \times 230000$

= 277.9kN > N = 270kN 满足要求。

2. 验算短边方向（轴心受压）

$$\beta = \frac{H_0}{b} = \frac{6000}{390} = 15.38 < [\beta] = 16$$

查表 5-7 得 $\varphi = 0.699$

$\varphi(0.7\gamma_a \Phi f)A = 0.699 \times 0.7 \times 0.93 \times 1.45 \times 2.37 \times 230000$
= 359.7kN > N = 270kN 满足要求。

【例 5-2】已知 T 形截面小砌块墙，截面尺寸见图 5-6，用 MU10 砌块、M7.5 混合砂浆砌筑，计算高度 H_0 = 6.0m，两端为不动铰支点，承受轴向力标准值 N_K = 340kN，轴向力设计值 N = 440kN，弯矩标准值 M_k = 10kN·m，轴向力作用点偏向翼缘。试验算墙体的承载力。

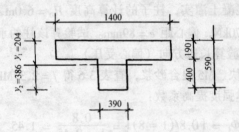

图 5-6 截面尺寸

【解】1. 截面的几何特征

查表 5-10 得：面积 A = 0.422m², 惯性矩 I = 1.144 × 10¹⁰ mm⁴、y_1 = 204mm、y_2 = 386mm、回转半径 i = 165mm、h_T = 3.5i = 3.5 × 165 = 577mm。

2. 截面强度验算

MU10 砌块、M7.5 混合砂浆，查表 3-6 得 f = 2.67MPa；

T 形截面砌体抗压强度：

$$f_1 = 0.85\left(\frac{A_1 + 0.7A_2}{A_1 + A_2}\right)f$$

$$= 0.85 \times \frac{(1400-390) \times 190 + 0.7 \times 390 \times 590}{191900 + 230100} \times 2.67$$

$$= 1.90 \text{MPa}$$

T 形截面面积 $A = 0.422\text{m}^2 > 0.3\text{m}^2$，$\gamma_a = 1.0$；

$$e = \frac{M_k}{N_k} = \frac{10 \times 10^6}{340 \times 10^3} = 29.41\text{mm}$$

$$\frac{e}{h_T} = \frac{29.41}{577} = 0.051$$

$$\beta = \frac{H_0}{h_T} = \frac{6000}{577} = 10.4$$

根据 $\frac{e}{h_T}$ 和 β 查表 5-7 得 $\varphi = 0.74$；

$\varphi \gamma_a f_1 A = 0.74 \times 1.0 \times 1.90 \times 0.422 \times 10^6 = 593\text{kN} > N$
$= 440\text{kN}$，满足要求。

6. 小砌块砌体截面特征值

表 5-10 列出了按毛截面计算的 T 形截面小砌块砌体截面特征值。表 5-11 列出了按毛截面计算的对称十字形截面小砌块砌体截面特征值。

砌块砌体 T 形截面特征值（按毛截面计算）　　表 5-10

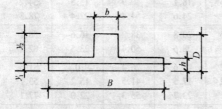

说明：①单位：A（cm²），I（cm⁴），B、b、D、y_1、y_2、h_T（cm）；②回转半径：$i = \sqrt{\frac{I}{A}}$ ③折算厚度：$h_T = 3.5i$ ④翼墙厚度：$h = 19\text{cm}$

续表

B	b	D	A (10^3)	I (10^6)	y_1	y_2	i	h_T
100	39	39	2.68	0.293	15.2	23.8	10.5	36.6
		59	3.46	1.011	22.8	36.2	17.1	59.8
		79	4.24	2.40	31.3	47.7	23.8	83.2
	59	59	4.26	1.288	25.8	33.2	17.4	60.9
		79	5.44	3.05	35.2	43.8	23.7	82.9
120	39	39	3.06	0.316	14.6	24.5	10.2	35.5
		59	3.84	1.083	21.5	37.5	16.8	58.8
		79	4.62	2.64	29.5	49.5	23.9	83.6
	59	59	4.64	1.391	24.5	34.5	17.3	60.6
		79	5.82	3.29	33.5	45.5	23.8	83.3
140	39	39	3.44	0.335	13.9	25.1	9.9	34.6
		59	4.22	1.144	20.4	38.6	16.5	57.6
		79	5.00	2.72	28.0	51.0	23.3	81.7
	59	59	5.02	1.482	23.4	35.6	17.2	60.2
		79	6.20	3.51	32.1	46.9	23.8	83.3
160	39	39	3.82	0.353	13.5	25.5	9.6	33.7
		59	4.60	1.197	19.5	39.5	16.1	56.5
		79	5.38	2.97	26.7	53.3	23.5	82.2
	59	59	5.40	1.619	19.2	39.8	17.3	60.6
		79	6.58	3.71	30.8	48.2	23.7	83.1
180	39	39	4.20	0.370	13.1	25.9	9.4	32.9
		59	4.98	1.243	18.7	40.3	15.8	55.3
		79	5.76	2.97	25.6	53.4	22.7	79.5
	59	59	5.78	1.633	21.5	37.5	16.8	58.8
		79	6.96	3.88	29.6	49.4	23.6	82.0
200	39	39	4.58	0.386	12.8	26.2	9.2	32.1
		59	5.36	1.285	18.1	40.9	15.5	54.2
		79	6.14	3.08	24.6	54.4	22.4	78.3
	59	59	6.16	1.696	20.8	38.2	16.6	58.1
		79	7.34	4.04	28.6	50.4	23.5	82.1
220	39	39	4.96	0.402	12.6	26.4	9.0	31.5
		59	5.74	1.322	17.5	41.5	15.2	53.1
		79	6.52	3.17	23.7	55.3	22.0	77.1
	59	59	6.54	1.753	20.2	38.8	16.4	57.3
		79	7.72	4.18	37.6	51.4	23.3	81.4

续表

B	b	D	A (10^3)	I (10^6)	y_1	y_2	i	h_T
240	39	39	5.34	0.416	12.3	26.7	8.8	30.9
		59	6.12	1.357	17.0	42.0	14.9	52.1
		79	6.90	3.25	22.9	56.1	21.7	76.0
	59	59	6.92	1.805	19.6	39.4	16.2	56.5
		79	8.10	2.77	26.8	52.2	18.5	64.7
260	39	39	5.72	0.435	12.2	26.8	8.7	30.5
		59	6.50	1.388	16.6	42.4	14.6	51.2
		79	7.28	3.32	22.2	56.8	21.4	74.8
	59	59	7.30	1.853	19.0	40.0	15.9	55.8
		79	8.48	4.42	26.0	53.0	22.8	79.9
280	39	39	6.10	0.445	12.0	27.0	8.5	29.9
		59	6.88	1.418	16.2	42.8	13.6	47.6
		79	7.66	3.40	21.6	57.4	21.1	73.7
	59	59	7.68	1.897	18.6	40.4	15.7	55.0
		79	8.86	3.46	25.3	53.7	20.0	69.1
300	39	39	6.48	0.463	11.8	27.2	8.5	29.6
		59	7.26	1.460	15.8	43.2	14.2	49.6
		79	8.04	3.46	21.0	58.0	20.8	72.6
	59	59	8.06	1.939	18.1	40.9	15.5	54.3
		79	9.24	4.64	24.6	54.4	22.4	78.4
320	39	39	6.86	0.472	11.7	27.3	8.3	29.0
		59	7.64	1.472	15.5	43.5	14.0	49.2
		79	8.42	3.52	20.5	58.5	20.5	71.6
	59	59	8.44	1.917	17.7	41.3	15.3	53.6
		79	9.62	4.73	24.0	55.0	22.2	77.6
340	39	39	7.24	0.485	11.6	27.4	8.2	28.7
		59	8.02	1.496	15.2	43.8	13.7	47.8
		79	8.80	3.58	20.0	59.0	20.2	70.6
	59	59	8.82	2.013	17.4	41.6	15.1	52.9
		79	10.00	4.82	23.5	55.5	22.0	76.9
360	39	39	7.62	0.503	11.5	27.5	8.1	28.4
		59	8.40	1.519	15.0	44.0	13.4	47.1
		79	9.18	3.63	19.6	59.4	19.9	69.6
	59	59	9.20	2.047	17.1	41.9	17.9	52.2
		79	10.38	4.91	23.0	56.0	21.7	76.1

续表

B	b	D	A (10^3)	I (10^6)	y_1	y_2	i	h_T
380	39	39	8.00	0.511	11.4	27.6	8.0	28.0
		59	8.78	1.542	14.7	44.3	13.3	46.4
		79	9.56	3.68	19.2	59.8	19.6	68.6
	59	59	9.58	2.08	17.8	42.2	14.7	51.6
		79	10.76	4.99	22.5	56.5	21.5	75.3
400	39	39	8.38	0.524	11.3	27.7	7.9	27.7
		59	9.16	1.552	14.5	44.5	13.0	45.6
		79	9.94	3.72	18.8	60.2	19.4	67.7
	59	59	9.96	2.109	16.5	42.5	14.6	50.9
		79	11.14	5.06	22.1	56.9	21.3	74.6
420	39	39	8.76	0.552	11.2	27.8	7.9	27.8
		59	9.54	1.584	14.3	44.7	12.9	45.1
		79	10.32	3.77	18.5	60.5	19.1	66.9
	59	59	10.34	2.14	16.2	42.8	14.4	50.4
		79	11.52	5.13	21.6	57.4	21.1	73.9
440	39	39	9.14	0.549	11.2	27.8	7.7	27.1
		59	9.92	1.604	14.1	44.9	12.7	44.5
		79	10.70	3.81	18.1	60.9	18.9	66.0
	59	59	10.72	2.17	16.0	43.0	14.2	49.8
		79	11.90	5.20	21.3	57.7	20.9	73.1
460	39	39	9.52	0.561	11.1	27.9	7.7	26.9
		59	10.30	1.623	14.0	45.0	12.6	43.9
		79	10.08	3.85	17.8	61.2	18.6	65.2
	59	59	11.10	2.19	15.8	43.2	14.0	49.2
		79	12.28	6.65	20.9	58.1	20.3	81.5
480	39	39	9.90	0.574	11.0	28.0	7.6	26.6
		59	10.68	1.989	13.8	49.2	13.6	47.8
		79	11.46	3.88	17.6	61.4	18.4	64.4
	59	59	11.48	2.22	15.6	43.4	13.9	48.7
		79	12.66	5.32	19.7	59.3	20.5	71.8
500	39	39	10.28	0.586	11.0	28.0	7.5	26.4
		59	11.06	1.660	13.7	45.3	12.3	42.9
		79	11.84	3.92	17.3	61.7	18.2	63.7
	59	59	11.86	2.25	15.4	43.6	13.8	48.2
		79	13.04	5.37	20.2	58.8	23.3	71.0

续表

B	b	D	A (10^3)	I (10^6)	y_1	y_2	i	h_T
520	39	39 59 79	10.66 11.44 12.22	0.597 1.678 3.95	10.9 13.5 17.1	28.1 45.5 61.9	7.5 12.1 18.0	26.2 42.4 62.9
	59	59 79	12.24 13.42	2.26 5.43	14.3 19.9	44.7 50.1	13.6 20.1	47.6 70.4
540	39	39 59 79	11.04 11.82 12.60	0.610 2.31 3.98	10.9 13.4 16.8	28.1 45.6 62.2	7.4 14.0 17.8	26.0 48.9 62.2
	59	59 79	12.62 13.80	2.29 5.48	15.0 19.6	44.0 59.4	13.5 19.9	47.2 69.7
560	39	39 59 79	11.42 12.20 12.98	0.622 1.712 4.02	10.8 13.3 16.6	28.2 45.7 62.4	7.4 11.9 17.6	25.8 41.5 61.5
	59	59 79	13.00 14.18	2.32 5.53	14.9 19.4	44.1 59.6	13.4 19.7	46.7 69.1
580	39	39 59 79	11.80 12.58 13.36	0.635 1.729 4.05	10.8 13.2 16.4	28.2 45.8 62.6	7.3 11.7 17.4	25.7 41.0 60.9
	59	59 79	13.38 14.56	2.34 5.57	14.7 19.1	44.3 59.9	13.2 19.6	46.3 68.5
600	39	39 59 79	12.18 12.96 13.74	0.647 1.745 4.07	10.7 13.1 16.2	28.3 45.9 62.8	7.3 11.6 17.2	25.5 40.6 60.3
	59	59 79	13.76 14.94	2.36 5.62	14.6 18.9	44.1 60.1	13.1 19.4	45.8 67.9

砌块砌体对称十字形截面特征值（按毛截面计算） 表5-11

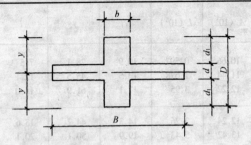

说明：① 单位：A（cm^2），I（cm^4），B、d_1、D、i、h_T（cm）；
② 回转半径：$i = \sqrt{I/A}$；
③ 折算厚度：$h_T = 3.5r$；
④ $y = \dfrac{D}{2}$，$d = 19cm$ $b = 39cm$。

B	d_1	D	A (10^3)	I (10^6)	i	h_T
100	20	59	3.46	0.702	14.2	49.9
	30	79	4.24	1.637	19.7	68.8
	40	99	5.02	3.19	25.2	88.2
120	20	59	3.84	0.714	13.6	47.7
	30	79	4.62	1.648	18.9	66.1
	40	99	5.40	3.20	24.3	85.2
140	20	59	4.22	0.725	13.1	45.9
	30	79	5.00	1.660	18.2	63.8
	40	99	5.78	3.21	23.6	82.5
160	20	59	4.60	0.737	12.7	44.3
	30	79	5.38	1.671	17.6	61.7
	40	99	6.16	3.22	22.9	80.1
180	20	59	4.98	0.748	12.3	42.9
	30	79	5.76	1.683	17.1	59.8
	40	99	6.54	3.23	22.2	77.8
200	20	59	5.36	0.760	11.9	41.7
	30	79	6.14	1.694	16.6	58.1
	40	99	6.92	3.25	21.7	75.8

续表

B	d_1	D	$A\ (10^3)$	$I\ (10^6)$	i	h_T
220	20	59	5.74	0.771	11.6	40.6
	30	79	6.52	1.706	16.2	56.6
	40	99	7.30	3.26	21.1	73.9
240	20	59	6.12	0.782	11.3	39.6
	30	79	6.90	1.717	15.8	55.2
	40	99	7.68	3.27	20.6	72.2
260	20	59	6.50	0.794	11.1	38.7
	30	79	7.28	1.728	15.4	53.9
	40	99	8.06	3.28	20.2	70.6
280	20	59	6.88	0.805	10.8	37.9
	30	79	7.66	1.740	15.1	52.7
	40	99	8.44	3.29	19.8	69.1
300	20	59	7.29	0.817	10.6	37.1
	30	79	8.04	1.751	14.8	51.7
	40	99	8.82	3.30	19.4	67.7
320	20	59	7.64	0.828	10.4	36.4
	30	79	8.42	1.923	15.1	52.9
	40	99	9.20	3.31	19.0	66.4
340	20	59	8.02	0.840	10.2	37.8
	30	79	8.80	1.774	14.2	49.7
	40	99	9.58	3.33	18.6	65.2
360	20	59	8.40	0.851	10.1	35.2
	30	79	9.18	1.785	14.0	48.8
	40	99	9.96	3.34	18.3	64.1
380	20	59	8.78	0.862	9.9	34.7
	30	79	9.56	1.797	13.7	48.0
	40	99	10.34	3.35	18.0	63.0
400	20	59	9.16	0.874	9.8	34.2
	30	79	9.94	1.808	13.5	47.2
	40	99	10.72	3.36	17.7	62.0

续表

B	d_1	D	A (10^3)	I (10^6)	i	h_T
420	20	59	9.54	0.885	9.6	33.7
	30	79	10.32	1.820	13.3	46.5
	40	99	11.10	3.37	17.4	61.0
440	20	59	9.92	0.897	9.5	33.3
	30	79	10.70	1.831	13.1	45.8
	40	99	11.48	3.38	17.2	60.1
460	20	59	10.30	0.908	9.4	32.9
	30	79	11.08	1.842	12.9	45.1
	40	99	11.86	3.39	16.9	59.2
480	20	59	10.68	0.920	9.3	32.5
	30	79	11.46	1.854	12.7	44.5
	40	99	12.24	3.41	16.7	58.4
500	20	59	11.06	0.931	9.2	32.1
	30	79	11.84	1.865	12.6	43.9
	40	99	12.62	3.42	16.5	57.6
520	20	59	11.44	0.942	9.1	31.8
	30	79	12.22	1.877	12.4	43.4
	40	99	13.00	3.43	16.2	56.8
540	20	59	11.82	0.954	9.0	31.4
	30	79	12.60	1.888	12.2	42.8
	40	99	13.38	3.44	16.0	56.1
560	20	59	12.20	0.965	8.9	31.1
	30	79	12.98	1.899	12.1	42.3
	40	99	13.76	3.45	15.8	55.4
580	20	59	12.58	0.977	8.8	30.8
	30	79	13.36	1.912	12.0	41.9
	40	99	14.14	3.46	15.7	54.8
600	20	59	12.96	0.988	8.7	30.6
	30	79	13.74	1.923	11.8	41.4
	40	99	14.52	3.47	15.5	54.1

第三节 砌体局部受压承载能力计算

普通混凝土小型砌块砌体尚未做过局部受压各项试验。因此,《小砌块建筑技术规程》(JGJ/T14—95)规定了小砌块建筑的构造措施,再按砖砌体局部受压计算公式进行验算。

原哈尔滨建筑大学曾对浮石混凝土小砌块砌体进行过局部受压试验,结果表明:不填实的小砌块砌体,在局部荷载作用下容易出现砌块内肋失稳或局部压碎而提前破坏,其局部受压承载力低于砖砌体;如果填实一皮砖块,其局部受压承载力可提高7%;当在影响砌体局部抗压强度的计算面积 A_0 范围内填实三皮砌块时,砌体的局部受压强度有较大提高。

图 5-7 (a) 梁下填实一皮砌块,可用于梁跨度小于 4.2m;
图 5-7 (b) 梁下填实二皮砌块,可用于梁跨度 $4.2m \leqslant L < 4.8m$;
图 5-7 (c) 梁下填实三皮砌块,也用于梁跨度 $4.2m \leqslant L < 4.8m$。
当填实三皮砌块后,墙体局部受压仍不满足时,则梁底设置混凝土垫块或壁柱。

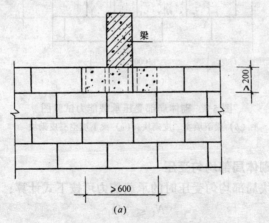

图 5-7 砌体局部受压承载能力试验图 (一)
(a) 梁下填实一皮砌块

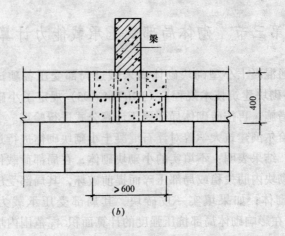

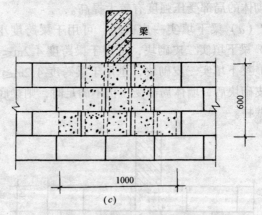

图 5-7 砌体局部受压承载能力试验图
(b) 梁下填实二皮砌块；(c) 梁下填空三皮砌块

一、砌体局部均匀受压

小砌块局部均匀受压时的承载能力可按下式计算：

$$N_1 \leqslant \gamma f A_1 \tag{5-26}$$

式中　N_1——局部受压面积上轴向力设计值；

A_1——局部受压面积；

f——砌体抗压强度设计值,局部荷载作用面用混凝土灌实一皮时,应按表4-6采用,在影响砌体局部抗压强度的计算面积范围内灌实不少于三皮时,可按表4-6的数值乘以该表注(4)规定的系数φ_1;

γ——砌体局部抗压强度提高系数,可按下列公式计算:

$$\gamma = 1 + 0.35\sqrt{\frac{A_0}{A_1} - 1} \tag{5-27}$$

式中 A_0——影响砌体局部抗压强度的计算面积,见图5-8。计算所得的γ值不能超过γ_{max}值。

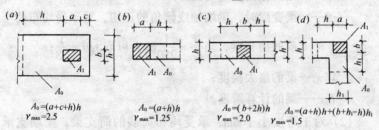

(a) $A_0 = (a+c+h)h$ $\gamma_{max} = 2.5$
(b) $A_0 = (a+h)h$ $\gamma_{max} = 1.25$
(c) $A_0 = (b+2h)h$ $\gamma_{max} = 2.0$
(d) $A_0 = (a+h)h + (b+h_1-h)h_1$ $\gamma_{max} = 1.5$

图5-8 影响局部抗压强度的面积 A_0

二、梁端支承处无垫块砌体局部受压

梁端支承处无垫块小砌块砌体局部受压应按下式计算:

$$\psi N_0 + N_1 \leq \eta \gamma f A_1 \tag{5-28}$$

$$\psi = 1.5 - 0.5\frac{A_0}{A_1} \tag{5-29}$$

式中 ψ——上部荷载的折减系数,当$\frac{A_0}{A_1} \geq 3$时,取$\psi = 0$;

N_0——局部受压面积A_1内上部轴向力设计值,$N_0 = \sigma_0 A_1$,σ_0为上部平均压应力设计值;

N_1——梁端支承压力设计值;

η——梁端底面压应力图形完整系数,一般可取0.7,对于过梁可取1.0;

A_l——局部受压面积,$A_l = a_0 b$,b 为梁宽,a_0 为梁端有效支承长度。

(1)梁直接支承在砌体上时,梁端有效支承长度可按下式计算:

$$a_0 = 38\sqrt{\frac{N_l}{bf \mathrm{tg}\theta}} \tag{5-30}$$

式中　a_0——梁端有效支承长度(mm),但不应大于梁端实际支承长度 a;

N_l——荷载设计值产生梁端支承压力(kN);

b——梁的截面宽度(mm);

$\mathrm{tg}\theta$——梁变形时,梁端轴线倾角的正切,对于受均布荷载的简支梁,当 $\frac{W}{l_0} = \frac{1}{250}$ 时,可取 $\mathrm{tg}\theta = \frac{1}{78}$;

W——梁的最大挠度;

l_0——梁的计算跨度。

(2)对于跨度小于 6m,承受均布荷载的简支梁,梁端支承长度可近似按下式计算:

$$a_0 = 10\sqrt{\frac{h_c}{f}} \tag{5-31}$$

式中　h_c——梁的截面高度(mm);

f——砌体抗压强度设计值(MPa)。

三、梁端支承处有垫块砌体局部受压

1. 梁端下设预制刚性垫块

梁端下设预制刚性垫块时,垫块下砌体的局部受压近似于偏心受压,因此可按砌体偏心受压进行承载力计算:

$$N_0 + N_l \leqslant \varphi \gamma_1 f A_b \tag{5-32}$$

式中　N_0——垫块面积 A_b 上由上部荷载设计值产生的轴向力,$N_0 = \sigma_0 A_b$;

φ——垫块上 N_0 和 N_l 合力影响系数,按 $\beta \leqslant 3$ 查表 4-7 取用;

γ_1——垫块外砌体面积的有利影响系数,应为 0.8γ,但不小于 1.0:

$$\gamma_1 = 0.8\left(1 + 0.35\sqrt{\frac{A_0}{A_b} - 1}\right) \geq 1.0 \quad (5\text{-}33)$$

A_b——刚性垫块的面积,$A_b = a_b \times b_b$,a_b 为垫块伸入墙内方向的长度,a_b 不得大于 $a_0 + t_b$,t_b 为垫块厚度,t_b 一般不宜小于 190mm,b_b 为垫块宽度,自梁边算起垫块每侧的挑出长度不应大于 t_b;

在带壁柱墙的壁柱内设刚性垫块时,计算影响砌体局部抗压强度的计算面积应取壁柱面积,不应计算翼缘部分,同时壁柱上垫块伸入翼缘内的长度不应小于 100mm(参见图 5-10)。

2. 梁端设有与梁端现浇成整体的垫块

垫块与梁现浇成整体后,受力垫块与梁一起变形,其承载力按下式计算:

$$\psi N_0 + N_l \leq \eta \gamma f A_1 \quad (3\text{-}34)$$

式中 A_1——局部受压面积 $A_1 = a_0 b_b$;

a_0——梁端有效支承长度,仍按式(5-30)计算;

b_b——现浇梁垫宽度。

【例 5-3】已知外纵墙上有一大梁,梁的截面尺寸 200mm×400mm,梁支承长度 $a = 190$mm,梁端支承反力 $N_l = 70$kN,上部墙体传至窗间墙的设计荷载为 260kN,窗间墙的截面尺寸见图 5-9,砌体用 MU10 小砌块、M7.5 混合砂浆砌筑,梁端下砌体用混凝土灌实,宽度为 600mm。试验算梁端砌体局部受压承载力。

【解】MU10 砌块、M7.5 混合砂浆,查表 4-6 得 $f = 2.67$MPa;

梁的有效支承长度:

$$a_0 = 38\sqrt{\frac{N_l}{bf\text{tg}\theta}} = 38\sqrt{\frac{70 \times 78}{200 \times 2.67}}$$

$$= 121.5\text{mm}$$

局部受压面积:

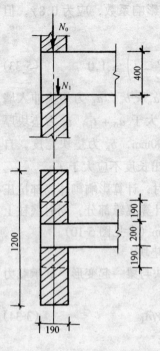

图 5-9 窗间墙截面尺寸

$A_1 = a_0 b = 121.5 \times 200$
$= 2.43 \times 10^4 \text{mm}^2$

影响局部受压的计算面积：
$A_0 = (200 + 2 \times 190) \times 190$
$= 1.102 \times 10^5 \text{mm}^2$

局部受压承载力提高系数：

$\gamma = 1 + 0.35\sqrt{\dfrac{A_0}{A_1} - 1}$

$= 1 + 0.35\sqrt{\dfrac{1.102 \times 10^5}{2.43 \times 10^4} - 1}$

$= 1.66$

$\sigma_0 = \dfrac{N_0}{190 \times 1200} = \dfrac{260 \times 10^3}{190 \times 1200}$

$= 1.14 \text{MPa}$

$N_0 = \sigma_0 A_1 = 1.14 \times 2.43 \times 10^4$

$= 27.7 \text{kN}$

$\dfrac{A_0}{A_1} = \dfrac{1.102 \times 10^5}{2.43 \times 10^4} = 4.53 > 3.0$

$\therefore \psi = 0$

局部受压承载力由式（5-28）得：

$\eta \gamma f A_1 = 0.7 \times 1.66 \times 2.67 \times 2.43 \times 10^4$

$= 75 \text{kN} > N = 70 \text{kN}$，满足要求。

【例 5-4】已知楼盖梁搭在外纵墙上，梁的截面尺寸 200mm×550mm，梁支承长度 $a = 200$mm，梁端支座反力 $N_1 = 100$kN（标准值为 80kN），上部传至窗间墙的设计荷载为 240kN（标准值 198kN），梁端设预制混凝土垫块，$a_b \times b_b = 300 \text{mm} \times 390 \text{mm}$，垫块高 $t_b = 190$mm，砌体用 MU10 砌块、M5 混合砂浆砌筑。试验算垫块下砌体局部受压承载力（图 5-10）。

【解】MU10 砌块、M5 混合砂浆，查表 4-6 得 $f = 2.37$MPa；

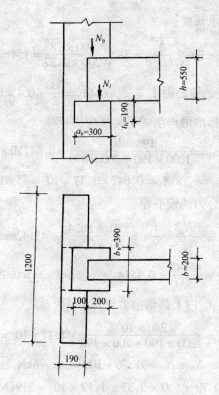

图 5-10 垫块下砌体局部受压
承载力验算

刚性垫块面积　$A_b = a_b \times b_b = 300 \times 390 = 1.17 \times 10^5 \text{mm}^2$

影响局压计算面积　$A_0 = 390 \times 390 = 1.521 \times 10^5 \text{mm}^2$

局部受压承载力提高系数：

$$\gamma_1 = 0.8\left(1 + 0.35\sqrt{\frac{A_0}{A_b} - 1}\right)$$

$$= 0.8\left(1 + 0.35\sqrt{\frac{1.521 \times 10^5}{1.17 \times 10^5} - 1}\right)$$

$$= 0.953 < 1, \quad 取 \ \gamma_1 = 1.0$$

梁有效支承长度：

$$a_0 = 38\sqrt{\frac{N_1}{bf\text{tg}\theta}} = 38\sqrt{\frac{100 \times 78}{200 \times 2.37}} = 154\text{mm}$$

N_1 对垫块的偏心距 $l_1 = \frac{a_b}{2} - 0.4a_0 = \frac{300}{2} - 0.4 \times 154 = 88.4\text{mm}$

上部荷载标准值产生的平均压应力：

$$\sigma_{0k} = \frac{198 \times 10^3}{1200 \times 190 + 200 \times 390} = 0.647\text{MPa}$$

$$N_{0k} = \sigma_{0k} \times A_b = 0.647 \times 1.17 \times 10^5 = 75.7\text{kN}$$

N_{0k} 和 N_{lk} 合力的偏心距：

$$l = \frac{N_{lk} \times l_1}{N_{lk} + N_{0k}} = \frac{80 \times 88.4}{80 + 75.7} = 45.42\text{mm}$$

$\frac{l}{h} = \frac{45.42}{300} = 0.1514$，查表 5-7 $\varphi = 0.79$

垫块面积 A_b 内上部轴向力设计值：

$$N_0 = \sigma_0 A_b = \frac{240 \times 10^3}{1200 \times 190 + 200 \times 390} \times 1.17 \times 10^5 = 91.76\text{kN}$$

$$N_0 + N_1 = 91.76 + 100 = 191.76\text{kN}$$

$\varphi\gamma_1 fA_b = 0.79 \times 1.0 \times 2.37 \times 1.17 \times 10^5 = 219\text{kN} > N_0 + N_1$ 满足要求。

第四节 过梁、挑梁

一、过梁

根据砖砌过梁的试验结果，当过梁上墙体高度 h_w 达过梁净跨度 l_n 的 1/2 时，过梁与墙体共同工作，过梁上墙体形成内拱作用而产生卸载作用，一部分墙体荷载直接传给支座。

1. 墙体荷载

对小型砌块砌体，当 $h_w < l_n/2$ 时，按墙体均布自重采用，当 $h_w \geq l_n/2$ 时，取高度为 $l_n/2$ 墙体的均布自重，见表 5-12。

对屋盖或楼盖中的梁、板传给过梁上的荷载、当梁、板下的墙体高度 $h_w < l_n$ 时，按梁板传来的荷载采用，当 $h_w \geq l_n$ 时，可不考虑梁板荷载，见表 5-12。

过梁上的荷载取值　　　　　表 5-12

荷载类型	简图	砌体种类	荷载取值	
墙体荷载	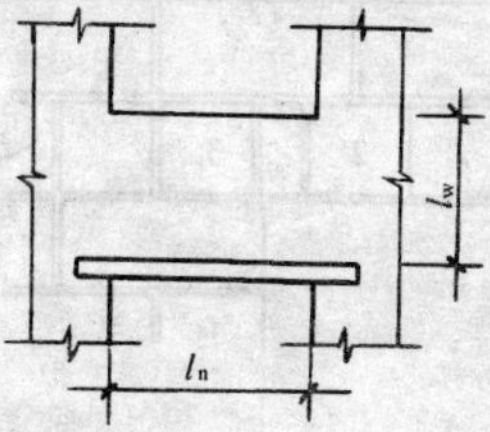 图中，h_w 为梁板下墙体高度	小型砌块	$h_w < l_n/2$	按墙体的均布自重采用
			$h_w \geq l_n/2$	按高度为 $l_n/2$ 墙体的均布自重采用
梁板荷载	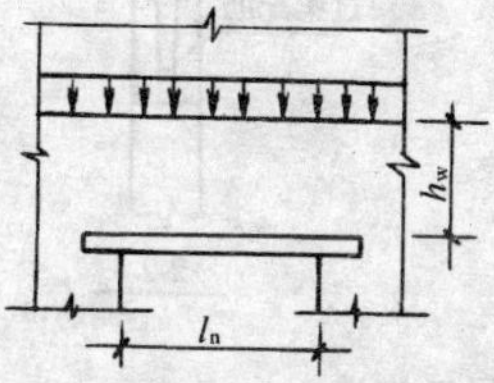 图中，h_w 为梁板下墙体高度	小型砌块	$h_w < l_n$	按梁板传来的荷载采用
			$h_w \geq l_n$	梁板荷载不予考虑

注：1. 墙体荷载的采用与梁板荷载的位置无关；
　　2. 表中，l_n 为过梁的净跨。

钢筋混凝土过梁按简支梁计算弯矩和剪力，计算跨度 $l_0 = 1.05 l_n$（l_n 为过梁的净跨）。验算过梁下砌体局部受压承载力时，可不考虑上部荷载 N_0 的影响，过梁的有效支承长度可取实际支承长度，应力图形完整系数取 $\eta = 1.0$。

2. 过梁洞口排块及构造

过梁洞口净跨 $600\text{mm} \leqslant l_n \leqslant 1200\text{mm}$ 时，可采用过梁砌块。过梁洞口上的过梁块宜用长度 200mm 的砌块，按计算配筋，见图 5-11。

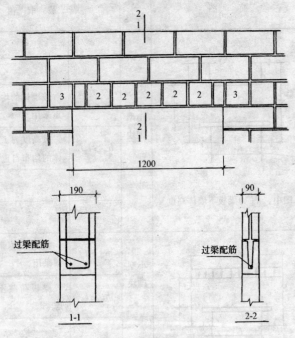

图 5-11 过梁洞口构造

圈梁兼作过梁时，应按过梁要求复核其承载力。过梁在门、窗及配筋洞口的支承长度应 $\geqslant 200\text{mm}$，支承面下填实一皮砌块。当设置芯柱时，支承处采用带孔过梁块，芯柱上下贯通。洞口净跨大于 1800mm 时，宜采用预制或现浇混凝土过梁。

【例 5-5】已知钢筋混凝土过梁净跨 $l_n = 3.0\text{m}$，过梁上砌体高度 1.2m，墙厚 190mm，墙体采用 MU7.5 砌块、M5 混合砂浆砌筑，承受楼板传来的均布荷载设计值 15kN/m。试设计该过梁。

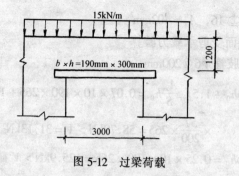

图 5-12 过梁荷载

【解】1. 荷载计算

过梁自重 $q_1 = 0.19 \times 0.30 \times 25 + 0.02 \times (0.30 \times 2 + 0.19)$
$\times 17 = 1.69 \text{kN/m}$

墙体重量，墙高 $h_w = 1.2\text{m} < l_n/2 = \dfrac{3.0}{2} = 1.5\text{m}$，取 1.2m 墙体重量

190mm 砌块、双面抹 20mm 混合砂浆 $q_2 = 3.38 \times 1.2$
$= 4.056 \text{kN/m}$

楼板荷载设计值 $q_3 = 15 \text{kN/m}$

2. 内力计算

计算跨度 $l_0 = 1.05 l_n = 1.05 \times 3.0 = 3.15\text{m}$

弯矩 $M = \dfrac{1}{8}(q_1 + q_2 + q_3) l_0^2 = \dfrac{1}{8}(1.69 + 4.056 + 15)$
$\times 3.15^2 = 25.74 \text{kN·m}$

剪力 $V = \dfrac{1}{2}(q_1 + q_2 + q_3) l_n = \dfrac{1}{2}(1.69 + 4.056 + 15)$
$\times 3.0 = 31.13 \text{kN}$

3. 正截面受弯承载力计算

过梁用Ⅱ级钢筋、C20 混凝土

$\alpha_s = \dfrac{M}{f_{cm} b h_0^2} = \dfrac{25.74 \times 10^6}{11 \times 190 \times 265^2} = 0.175$ 得 $\xi = 0.194$

$A_s = \dfrac{\xi f_{cm} b h_0}{f_y} = \dfrac{0.194 \times 11 \times 190 \times 265}{310} = 347 \text{mm}^2$

选用 2 ⏀ 16，$A_s = 402\text{mm}^2$

4．斜截面受剪承载力验算

选用两肢箍 $\phi 6@200\text{mm}$

$$0.07f_c bh_0 + 1.5f_{yv}\frac{A_{sv}}{S}h_0 = 0.07 \times 10 \times 190 \times 265 + 1.5 \times 210$$

$$\times \frac{57}{200} \times 265 = 58.79\text{kN} > V = 31.13\text{kN}$$

$0.25f_c bh_0 = 0.25 \times 10 \times 190 \times 265 = 125.9\text{kN} > V$ 截面尺寸满足要求。

5．梁端支承处砌体局部受压承载力验算

MU7.5、M5 混合砂浆　$f = 1.83\text{MPa}$；

$$A_1 = a \times b = 200 \times 190 = 3.8 \times 10^4 \text{mm}^2$$

$$\psi N_0 + N_1 = 0 + \frac{1}{2}(q_1 + q_2 + q_3)l_0 = \frac{1}{2} \times 20.746 \times 3.15$$

$$= 32.67 kN$$

$\eta\gamma f A_1 = 1.0 \times 1.25 \times 1.83 \times 3.8 \times 10^4 = 86.9\text{kN} > 32.67\text{kN}$ 满足要求。

二、挑梁

悬挑出小砌块砌体墙的钢筋混凝土梁，在荷载作用下须进行：1．抗倾复验算；2．挑梁下砌体局部受压承载力验算；3．挑梁本身承载力验算。

1．挑梁的抗倾复验算

钢筋混凝土挑梁的抗倾复验算可按下式进行：

$$M_r \geq M_{0v} \tag{5-35}$$

式中　M_r——挑梁的抗倾复力矩设计值；

M_{0v}——挑梁的荷载设计值对计算倾复点产生的倾复力矩。

（1）挑梁的倾复力矩：

挑梁的倾复力矩 M_{0v}，由作用于挑梁上的荷载设计值（包括集中荷载和均布荷载）对计算倾复点 O 的力矩。倾复点 O 至墙外边缘的距离 x_0 按下列规定采用：

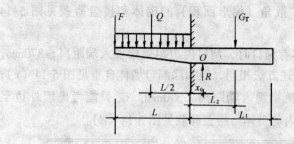

图 5-13 挑梁抗倾复验算

当 $l_1 \geqslant 2.2h_b$ 时

$$x_0 = 1.25\sqrt[4]{h_b^3} \leqslant 0.13l_1 \tag{5-36}$$

也可近似采用

$$x_0 = 0.3h_b \leqslant 0.13l_1 \tag{5-37}$$

当 $l_1 < 2.2h_b$ 时

$$x_0 = 0.13l_1 \tag{5-38}$$

式中 x_0——计算倾复点至墙外边缘的距离(mm);

h_b——挑梁的截面高度(mm);

l_1——挑梁埋入砌体的长度(mm)。

(2) 挑梁的抗倾复力矩:

挑梁的抗倾复力矩设计值按下式计算:

$$M_r = 0.8G_r(l_2 - x_0) \tag{5-39}$$

式中 G_r——挑梁的抗倾复荷载,为挑梁尾端上部45°扩散角范围(其水平长度为 l_3)内的砌体与楼面恒荷载标准值之和,见图5-14;

l_2——G_r 作用点至墙外边缘的距离。

挑梁的抗倾复荷载,按以下方法取用:

1) 当墙体无洞口时,且 $l_3 \leqslant l_1$,则取 l_3 长度范围内45°扩散角的砌体和楼盖荷载见图5-14(a);当 $l_3 > l_1$ 时,则取 l_1 长度范围内 45°扩散角（梯形面积）的砌体和楼盖荷载见图 5-14 (b)。

2) 当墙体有洞口时，洞口内边距挑梁埋入端距离≥370mm，G_r 的取值与上述方法相同，但扣除洞口墙体自重见图 5-14 (c)；当洞口内边距挑梁埋入端距离 < 370mm，G_r 只能考虑墙外边至洞口外边范围内的砌体与楼盖荷载见图 5-14 (d)。

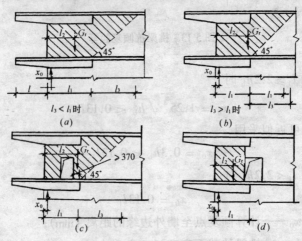

图 5-14 挑梁抗倾复荷载

2. 挑梁下砌体局部受压承载力验算

挑梁下砌体局部受压承载力可按下式验算：

$$N_1 \leqslant \eta \gamma f A_1 \tag{5-40}$$

式中 N_1——挑梁下支承压力，可取 $N_1 = 2R$，R 为挑梁的倾复荷载设计值；

η——挑梁下压应力图形完整系数，可取 $\eta = 0.7$；

γ——砌体局部受压强度提高系数，对图 5-15 (a) $\gamma = 1.25$，对图 5-15 (b) 取 $\gamma = 1.5$；

A_1——挑梁下砌体局部受压面积，可取 $A_1 = 1.2bh_b$，b 为挑梁的宽度，h_b 为挑梁的截面高度。

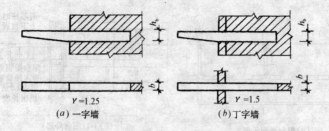

图 5-15 挑梁下砌体局部受压

3. 挑梁本身承载力计算

由于挑梁的倾复点不在墙边缘而在离墙边 x_0 处,所以挑梁承受的最大弯矩 M_{max} 在接近 x_0 处,最大剪力 V_{max} 在墙边,故

$$M_{max} = M_{0v} \quad (5-41)$$

$$V_{max} = V_0 \quad (5-42)$$

式中 V_0——挑梁的荷载设计值在挑梁的墙外边缘截面产生的剪力。

4. 现浇阳台的构造

图 5-16（a）—现浇阳台平面；图 5-16（b）阳台梁外形尺寸和支承长度应符合 2M 要求,伸入横墙长度应 $\geq 1.5L$（L 为梁的挑出长度）；图 5-16（c）、（d）为节点的构造。

【例 5-6】已知钢筋混凝土挑梁,挑出长度 $l = 1.6$m,埋入丁字形截面墙内的长度 $l_1 = 2.0$m,截面尺寸 $b \times h_b = 190$mm $\times$ 300mm,房屋层高为 3.0m,墙体用 MU7.5 砌块、M5 混合砂浆砌筑,梁支承部位的内外墙交接处,纵横各灌实 3 个孔,高度为三皮砌块,双面各抹灰 20mm。挑梁上集中力 $F_k = 3.2$kN,$q_{1k} = 7.5$kN/m,$q_{2k} = 6.5$kN/m,挑梁（挑出部分）自重标准值 0.72kN/m,$q_{2k} = 4.5$kN/m,试设计此挑梁。

【解】1. 抗倾复验算

（1）计算倾复点 x_0:

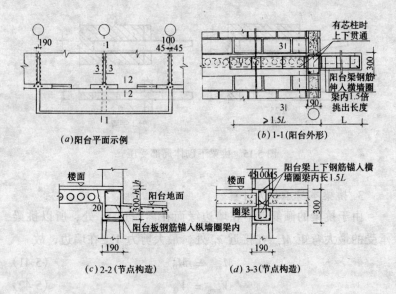

(a) 阳台平面示例

(b) 1-1(阳台外形)

(c) 2-2(节点构造)

(d) 3-3(节点构造)

图 5-16 现浇阳台构造图

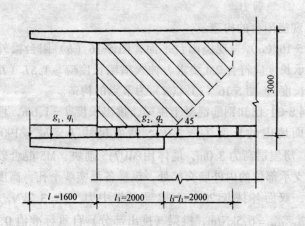

图 5-17 某挑梁的荷载简图

$$l_1 = 2\text{m} > 2.2h_b = 2.2 \times 0.30 = 0.66\text{m}$$

$$x_0 = 1.25\sqrt[4]{h_b^3} = 1.25\sqrt[4]{300^3} = 0.09\text{m}$$

（2）由 F、g_1、q_1 和挑梁自重产生的倾复力矩：

$$M_{0v} = 1.2 \times 3.2 \times 1.69 + \frac{1}{2}\left[1.2(0.72+7.5)+1.4\times 6.5\right]$$
$$\times 1.69^2 = 33.57\text{kN}\cdot\text{m}$$

（3）抗倾复力矩（计算本层 g_2、挑梁自重和本层墙体自重）：

挑梁自重 $0.19 \times 0.30 \times 25 + 0.04 \times 0.19 \times 17 = 1.55\text{kN/m}$

$$M_r = 0.8G_r(l_2 - x_0)$$
$$= 0.8\left[3.38\times 2\times 3 \times \left(\frac{2}{2}-0.09\right) + 1.55\times 2\times \left(\frac{2}{2}\right.\right.$$
$$\left.-0.09\right) + 3.38\times 2\times 3(2+1-0.09) - \frac{1}{2}\times 3.38\times 2$$
$$\times 2\times (2+1.34-0.09)\right] = 46.66\text{kN}\cdot\text{m} > M_{0v}\text{满足要求。}$$

2. 挑梁下砌体局部受压承载力验算

$$N_l = 2R = 2\{1.2\times 3.2 + [1.2(0.72+7.5)+1.4\times 6.5]$$
$$\times 1.69\} = 71.78\text{kN}$$

$\eta\gamma fA_1 = 0.7\times 1.5\times 1.83\times 1.2\times 190\times 300 = 131.4\text{kN} > N_l$ 满足要求。

3. 挑梁承载力计算

$$M_{\max} = M_{0v} = 33.57\text{kN}\cdot\text{m}$$

$$V_{\max} = V_0 = 1.2\times 3.2 + [1.2(0.72+7.5)+1.4\times 6.5]$$
$$\times 1.69 = 35.89\text{kN}$$

挑梁采用 C20 混凝土、Ⅱ级钢、箍筋 $\phi6@200$ 双肢

$$\alpha_s = \frac{M_{\max}}{f_{cm}bh_0^2} = \frac{33.57\times 10^6}{11\times 190\times 265^2} = 0.229$$

$$A_s = \frac{M_{\max}}{\gamma_s h_0 f_y} = \frac{33.57\times 10^6}{0.87\times 265\times 310} = 469\text{mm}$$

选用 2 $\underline{\Phi}$ 18，$A_s = 509\text{mm}$

$0.07f_c bh_0 + 1.5f_{yv}\dfrac{A_{sv}}{S}h_0 = 0.07 \times 10 \times 190 \times 265 + 1.5 \times 210$

$\times \dfrac{57}{200} \times 265 = 59.04\text{kN} > V_{max}$,满足要求。

$0.25f_c bh_0 = 0.25 \times 10 \times 190 \times 265 = 125.9\text{kN} > V_{max}$,截面尺寸满足要求。

第五节 小砌块建筑的静力计算

一、小砌块结构房屋的静力计算方案

小砌块结构房屋竖向承重构体是小砌块砌体,水平承重构件是梁、板、屋架等承重构件。根据小砌块承重墙布置分下列几种方案：

1. 横墙承重体系；
2. 纵墙承重体系；
3. 纵、横墙承重体系；
4. 内框架承重体系。

房屋墙体布置确定后,首先要确定房屋的静力计算方案。小砌块房屋是由纵横、横墙（山墙）、楼（屋）盖、基础等结构构件组成的一个空间整体。因此,在荷载作用下,不单是直接受载的构件工作,相邻的构件也不同程度地参加工作,这些构件参加工作的程度与房屋的空间刚度有关。在垂直荷载作用下,荷载的传递路线是：楼（屋）面板→楼（屋）面梁→墙（柱）→基础→地基。但在水平荷载作用下（风荷载、地震作用和竖向偏心荷载引起的偏心力）,其荷载的传递路线与房屋的空间刚度有关。图5-18示有山墙单跨房屋风荷载作用下的变形情况。

图5-18（a）为外纵墙计算单元上作用的风压力。外纵墙的计算单元可看成是竖向的柱子,一端支在基础上,另一端支在屋面上。屋面结构可看作是水平方向的梁,跨度为房屋长度 S,两端支承在山墙上,而山墙可看成是竖向的悬臂柱支承在基础上。

屋面梁承受部分风荷载 R 后，又可分成两部分：一部分通过屋面梁的平面弯曲传给山墙，再由山墙传给山墙基础，这属于空间传力体系；另一部分 R_2 通过平面排架直接传给外纵墙基础，这属于平面传力体系。因此，风荷载的传递路线为：

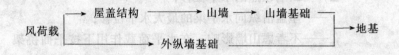

从变形分析可看出（见图 5-18（b）），纵墙顶点水平位移包括两个部分：一部分是屋盖梁的水平位移，最大值在中部，以

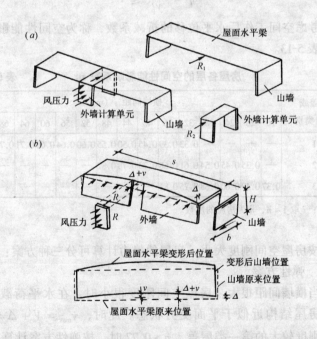

图 5-18 有山墙单跨房屋在水平力作用下的变形情况

V 表示；另一部分为山墙顶点的水平位移，以 Δ 表示。因此，纵墙顶点水平位移的最大值为：

$$y_{max} = V + \Delta \leqslant y_p \tag{5-43}$$

式中　y_{max}——中间计算单元墙顶的水平位移；

　　　Δ——山墙顶点的水平位移；

　　　V——屋盖沿纵向水平梁的最大水平位移；

　　　y_p——不考虑山墙影响，在水平荷载作用下按平面排架计算的水平位移。

显然，y_{max} 的大小与屋盖水平梁在自身平面内的刚度、山墙间距以及山墙在自身平面内的刚度有关。对于单层房屋，令

$$\eta = \frac{y_{max}}{y_p} \leqslant 1 \tag{5-44}$$

η 为考虑空间工作后水平位移的折减系数，称为空间性能影响系数见表 5-13。

房屋各层的空间性能影响系数 η_i　　　表 5-13

屋盖或楼盖类别	横墙间距 s (m)														
	16	20	24	28	32	36	40	44	48	52	56	60	64	68	72
1	—	—	—	—	0.33	0.39	0.45	0.50	0.55	0.60	0.64	0.68	0.71	0.74	0.77
2	—	0.35	0.45	0.54	0.61	0.68	0.73	0.78	0.82	—	—	—	—	—	—
3	0.37	0.49	0.60	0.68	0.75	0.81	—	—	—	—	—	—	—	—	—

注：i 取 $1 \sim n$，n 为房屋的层数。

按房屋空间刚度大小，房屋的静力计算可分三种方案：

1. 弹性方案

当横墙间距很大、房屋空间刚度很小时，在水平荷载作用下，房屋结构近似于平面受力状态。此时，$y_{max} = V + \Delta = y_p$，对于刚度较大的第一类屋盖，$\eta > 0.77$ 时，按弹性方案计算。

2. 刚性方案

当横墙间距很小、房屋空间刚度很大时，在水平荷载作用

下，屋面结构可看成外纵墙的不动铰支座。此时，$V \approx 0$，$y_{max} = V + \Delta \approx 0$，对于第一类屋盖，$\eta < 0.33$ 时按刚性方案计算。

3. 刚弹性方案

当横墙间距在一定范围，房屋的空间刚度介于弹性方案与刚性方案之间，在水平荷载作用下，屋盖对墙顶水平位移有一定约束，可视为墙的弹性支座，这时，墙内力按屋盖与墙为铰接，考虑空间工作的平面排架计算。计算时如同一般排架，但需引入空间性能影响系数 η。对于第一类屋盖 $0.33 < \eta < 0.77$ 时，可按刚弹性方案计算。

为便于应用，可根据屋盖或楼盖的类别、房屋横墙间距 s，来确定房屋的刚性、刚弹性和弹性计算方案，见表 5-14。

作为刚性和刚弹性方案的横墙，为了保证屋盖水平梁支座位移不致过大，190mm 小砌块横墙应符合下列要求：

房屋的静力计算方案 表 5-14

	屋盖或楼盖类别	刚性方案	刚弹性方案	弹性方案
1	整体式、装配整体式和装配式无檩体系钢筋混凝土屋盖或钢筋混凝土楼盖	$s < 32$	$32 \leqslant s \leqslant 72$	$s > 72$
2	装配式有檩体系钢筋混凝土屋盖、轻钢屋盖和有密铺望板的木屋盖或木楼盖	$s < 20$	$20 \leqslant s \leqslant 48$	$s > 48$
3	冷摊瓦木屋盖和石棉水泥瓦轻钢屋盖	$s < 16$	$16 \leqslant s \leqslant 36$	$s > 36$

注：1. 表中 s 为房屋横墙间距，其长度单位为 m；
    2. 对无山墙或伸缩缝处无横墙的房屋，应按弹性方案考虑。

（1）横墙中开洞口时，洞口的水平截面积不应超过横墙截面积的 50%；

（2）单层房屋的横墙长度不宜小于其高度，多层房屋的横墙长度不宜小于 $H/2$（H 为横墙总高度）。

当横墙不能同时满足上述要求时，应对横墙刚度进行验算，如其最大水平位移值 $u_{max} \leqslant \dfrac{H}{4000}$ 时，仍可视作刚性或刚弹性方案的横墙。

二、墙、柱高厚比验算

墙、柱高厚比是指墙、柱的计算高度 H_0 与墙厚或柱边长 h 的比值,用 $\beta = \dfrac{H_0}{h}$ 来表示,要小于或等于规范中规定的允许高厚比 $[\beta]$ 值。这是在施工和使用阶段,保证墙、柱具有必要的稳定性和刚度的一项重要的构造措施。

1. 墙柱允许高厚比 $[\beta]$

墙、柱的允许高厚比 $[\beta]$ 值的大小与砂浆强度和砌筑水平有关,见表 5-15。表中限值是基于等截面、两端铰接,外荷载作用在柱上端的情况下,结合我国工程实践经验规定的。影响墙、柱允许高厚比的因素有:

墙、柱的允许高厚比 $[\beta]$ 值　　　　表 5-15

砂浆强度等级	墙	柱
≥M7.5	26	17
M5	24	16
M2.5	22	15
M0.4	16	12

注:验算施工阶段砂浆尚未硬化的新砌体高厚比时,可按表中 M0.4 项数值乘以 0.9 后采用。

(1) 砂浆强度等级:墙、柱的稳定性与刚度有关,刚度与弹性模量 E 有关,而砂浆强度直接影响砌体的弹性模量,砂浆强度高允许高厚比 $[\beta]$ 大些,砂浆强度低则 $[\beta]$ 值小些。

(2) 横墙间距:横墙间距小墙体的稳定性和刚度好;反之,横墙间距大则稳定性和刚度差。在验算高厚比时,用改变墙体计算高度 H_0 的方法来考虑这一因素。

(3) 支承条件:刚性方案房屋的墙、柱在屋(楼)盖处假定为不动铰支座,支承处变位小,$[\beta]$ 值可提高;而弹性和刚弹性方案,墙、柱的[β]值应减小,这一因素也用计算高度 H_0 来考虑。

(4) 砌体的截面形式:有门窗洞口的墙,即变截面墙,墙体的稳定性较无洞口的墙要差,允许高厚比 [β] 值应乘修正系数 μ_2 予以折减。

(5) 构件重要性和房屋使用情况:非承重墙属次要构件,且荷载为墙体自重,[β] 值可提高;使用时有振动的房屋,[β] 值应酌情降低。

2. 矩形截面墙、柱高厚比验算

矩形截面墙、柱高厚比可按下式进行验算:

$$\beta = \frac{H_0}{h} \leq \mu_1 \mu_2 [\beta] \tag{5-45}$$

式中 H_0——墙、柱的计算高度,按表5-8采用;

h——墙厚或矩形柱与 H_0 相对应的边长;

μ_1——非承重墙修正系数,当 h = 240mm 时,μ_1 = 1.2,当 h = 90mm 时,μ_1 = 1.5,当 90mm < h < 240mm 时,μ_1 按插入法取值;上端为自由端的墙,其 [β] 值除按上述规定外,尚可提高 30%;

μ_2——有门窗洞口墙的修正系数,可按下式计算:

$$\mu_2 = 1 - 0.4 \frac{b_s}{s} \tag{5-46}$$

式中 s——相邻窗间墙或壁柱之间的距离;

b_s——在宽度 s 范围内的门窗洞口宽度,见图5-20。

由于墙和柱允许高厚比的比值约为 0.7,所以按(5-46)式计算 μ_2 小于 0.7 时,仍取 μ_2 = 0.7。μ_2 是按 H_1/H = 2/3 推算的,当洞口高度 H_1 与墙高 H 的比值小于或等于 1/5 时,取 μ_2 = 1.0。

3. 带壁柱墙的高厚比验算

带壁柱墙的高厚比应验算:(1)整片墙的高厚比;(2)壁柱间墙的高厚比。

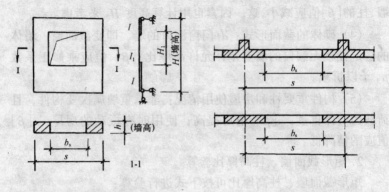

图 5-19 墙体有门窗洞口时的计算简图

图 5-20 b_s 的取法

(1) 整片墙的高厚比验算：

带壁柱墙可视作厚度为 h_T 的墙，按下式进行验算：

$$\beta = \frac{H_0}{h_T} \leq \mu_1\mu_2[\beta] \qquad (5-47)$$

式中 H_0——带壁柱墙的计算高度，按表 5-8 采用，计算 H_0 时，墙体的长度 s 取相邻横墙的距离，见图 5-21；

h_T——带壁柱墙的折算厚度，$h_T = 3.5i$；

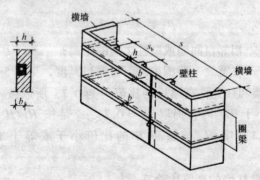

图 5-21 带壁柱墙相邻横墙 s 的距离

i ——带壁柱墙截面的回转半径,$i = \sqrt{\dfrac{I}{A}}$;

I、A ——带壁柱墙的惯性矩和截面面积。

计算 I 和 A 时,墙体截面翼缘宽度 b_f 为:多层房屋有门窗洞口时,取门或窗间墙的宽度,无门窗洞口时,取相邻壁柱间的距离;单层房屋,取 $b_f = b + \dfrac{2}{3}H$(b 为壁柱宽度,H 为墙高),但不大于窗间墙宽度或相邻壁柱间的距离。

(2)壁柱间墙的高厚比验算:

壁柱间墙的高厚比 β 可按式(5-45)进行验算,式中 h 为墙厚,壁柱看作墙的侧向不动铰支点,计算高度 H_0 按刚性方案考虑。有钢筋混凝土圈梁的带壁柱墙,当 $b/s_b \geqslant 1/30$ 时(b 为圈梁宽度、s_b 为相邻壁柱间的距离),圈梁可看作壁柱墙的不动铰支点。如果圈梁宽度受限制时,可按等刚度原则(墙体平面外刚度相等),增加圈梁刚度,满足壁柱间墙不动铰支点的要求。

【例 5-7】 某单层仓库平面如图 5-22(a)所示,墙用 MU7.5 小砌块、M5 混合砂浆砌筑,层高 $H = 5.5\text{m}$。试验算纵墙的高厚比。

1. 截面几何特性

$A = 7.26 \times 10^5 \text{mm}^2$ $I = 1.46 \times 10^{10} \text{mm}^4$ $Y_1 = 158\text{mm}$

$Y_2 = 432\text{mm}$ $i = 142\text{mm}$ $h_T = 3.5i = 496\text{mm}$

2. 带壁柱墙的高厚比验算

$S = 36\text{m}$,$32\text{m} < S < 72\text{m}$,属于刚弹性方案

查表 5-8,计算高度 $H_0 = 1.2H = 1.2 \times 5.5 = 6.6\text{m}$

采用 M5 混合砂浆,查表 5-15 $[\beta] = 24$

承重墙,$\mu_1 = 1.0$

$$\mu_2 = 1 - 0.4 \dfrac{b_s}{S} = 1 - 0.4 \dfrac{3}{6} = 0.8$$

$$\mu_1 \mu_2 [\beta] = 1.0 \times 0.8 \times 24 = 19.2$$

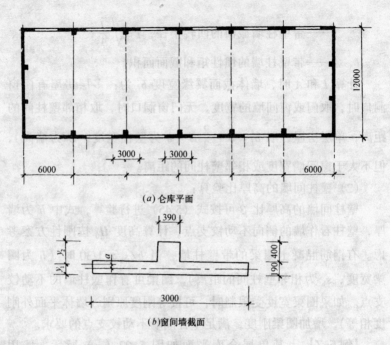

图 5-22 某单层仓库平面图

$$\beta = \frac{H_0}{h_T} = \frac{6.6}{0.496} = 13.3 < 19.2 \quad 满足要求。$$

3. 壁柱间墙高厚比验算

$S = 6\text{m}$ $H = 5.5\text{m}$ $H < S < 2H$ 按刚性方案

$$H_0 = 0.4S_0 + 0.2H = 0.4 \times 6 + 0.2 \times 5.5 = 3.5\text{m}$$

$$\beta = \frac{H_0}{h} = \frac{3.5}{0.19} = 18.4 < 19.2 \quad 满足要求。$$

三、单层、单跨刚性方案房屋的静力计算

单层、单跨刚性方案房屋承重纵墙承载力的计算：

1. 选取计算单元

计算单层房屋承重纵墙时，对有门窗洞口的外纵墙，可取一个开间的墙体作为计算单元，无门窗洞口的纵墙，可取 1m 长的墙体作为计算单元。

2. 计算简图

对于刚性方案单层房屋，纵墙上端水平位移很小，可将墙上端屋盖处视为不动铰支座，下端嵌固于基础顶面，计算简图如图 5-23 所示。

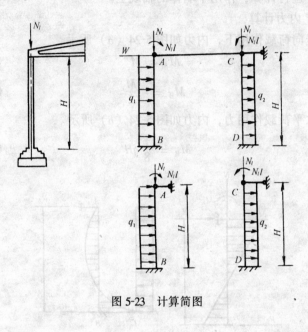

图 5-23　计算简图

3. 荷载

作用在纵墙上的荷载有：

(1) 屋面荷载：包括屋盖自重、屋面活荷载（或雪荷载），这些荷载以集中力 N_l 的形式，通过屋架或屋面梁作用于墙体的顶端。轴向力 N_l 作用点到墙内边取 $0.33a_0$，a_0 为梁有效支承长度，因而 N_l 对墙中心线有一个偏心距 l，$l = h/2 - 0.33a_0$，h 为墙厚。所以，计算简图上作用有轴向力 N_l 和弯矩 $M = N_l \times l$。

(2) 风荷载（对不考虑抗震设防的结构）：风荷载包括作用于屋面上和墙面上的风荷载。屋面上的风荷载简化为作用于墙顶的集中 W，刚性方案 W 通过屋盖直接传至横墙，对纵墙不产生内力。墙面风荷载为均布荷载，迎风面为压力 q_1，背风面为拉力 q_2。

（3）墙体自重：按小砌块砌体的重量（包括内外粉刷和门窗自重）进行计算，作用于墙体的轴线上。

4. 内力计算

竖向荷载作用下，内力如图 5-24（a）所示。

$$M_A = M \tag{5-48}$$

$$M_B = -\frac{M}{2} \tag{5-49}$$

水平荷载作用力，内力如图 5-24（b）所示。

$$M_B = \frac{1}{8}qH^2 \tag{5-50}$$

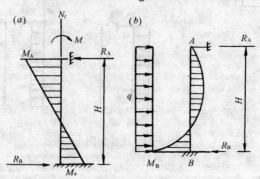

图 5-24　内力图

5. 截面承载力验算

在验算承重纵墙承载力时，可取纵墙顶部和底部两个控制截面进行内力组合，考虑荷载组合系数，取最不利内力进行验算：

（1）在一般情况下，当有风荷载参与组合时，荷载组合值系数取 0.6；当没有风荷载参与组合时，荷载组合值系数取 1.0。

（2）恒载、风荷载和其他活载组合。这时，除恒载外，风荷载和其他活荷载产生的内力乘以组合系数 $\psi = 0.85$。

（3）恒载和风荷载组合。这时，风荷载产生的内力不予降低

(即组合系数 $\psi = 1.0$)。

(4) 恒载和活荷载组合。这时，活荷载产生的内力不予降低(即组合系数 $\psi = 1.0$)。

四、弹性方案和刚弹性方案单层房屋的静力计算

(一) 弹性方案

1. 计算简图

对于弹性方案单层房屋，在荷载作用下，墙、柱内力可按有侧移的平面排架计算，不考虑房屋的空间工作，计算简图可按下列假定确定：

(1) 屋架或屋面梁与墙、柱的连接，可视为能传递垂直力和水平力的铰，墙、柱下端与基础顶面为固定端连接。

(2) 把屋架或屋面梁视作刚度为无限大的水平杆件，在荷载作用下，不产生拉伸或压缩变形。

根据上述假定，弹性方案单层房屋的计算简图为铰接平面排架。

2. 内力计算

按照平面排架进行内力分析：

(1) 先在排架上端加一个假想的不动铰支座，成为无侧移的平面排架，计算出在荷载作用下支座反力 R，并画出排架柱的内力图。

(2) 把已求出的柱顶反力 R 反方向作用在排架顶端，算出排架内力，画出相应的内力图。

(3) 将上述两种计算结果叠加，假想的柱顶支座反力 R 相互抵消，叠加后的内力图即弹性方案有侧移排架的计算结果。

图 5-25 为屋盖荷载 N_l 作用下的计算简图和弯矩图。

$$M_C = M_D = M = N_l \times l \tag{5-51}$$

$$M_A = M_B = -\frac{M}{2} \tag{5-52}$$

图 5-26 为风荷载作用下的弯矩图。

$$M_A = \frac{wH}{2} + \frac{5}{16}q_1 H^2 + \frac{3}{16}q_2 H^2 \tag{5-53}$$

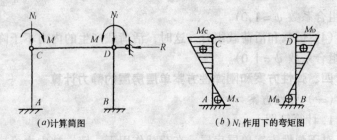

图 5-25 屋盖荷载 N_l 作用下的计算简图

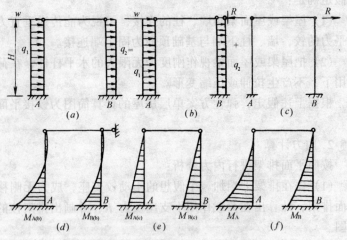

图 5-26 风荷载作用下的弯矩图

$$M_B = -\frac{wH}{2} - \frac{3}{16}q_1H^2 - \frac{5}{16}q_2H^2 \qquad (5-54)$$

排架柱的轴力：

$$N_A = N_B = N_l + N_G \qquad (5-55)$$

式中　N_G——墙或柱的自重。

(二) 刚弹性方案

在水平荷载作用下，刚弹性方案房屋墙顶也产生水平位移，其值较弹性方案排架柱顶水平位移要小，计算简图和弹性方案计算简图相似，不同点是在排架柱顶加上一个弹性支座，以考虑房屋的空间工作，见图 5-27。

当柱顶作用一集中力 R 时，刚弹性方案房屋的内力分析如同一个平面排架，只是以 ηR 代替 R 进行计算。

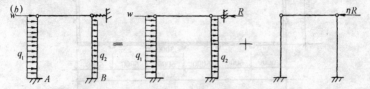

图 5-27 单层刚弹性方案房屋的静力计算简图

以两侧墙体（或柱）截面相同，等高，材料相同的单跨房屋：

1. 屋盖荷载

因荷载对称，排架顶端无侧移，其内力计算如刚性方案，

$$M_A = M_B = -\frac{M}{2} = -\frac{N_l \times l}{2}。$$

2. 风荷载

$$M_A = \frac{\eta WH}{2} + \left(\frac{1}{8} + \frac{3\eta}{16}\right) q_1 H^2 + \frac{3\eta}{16} q_2 H^2 \quad (5-56)$$

$$M_B = -\frac{\eta WH}{2} - \left(\frac{1}{8} + \frac{3\eta}{16}\right) q_1 H^2 - \frac{3\eta}{16} q_2 H^2 \quad (5-57)$$

【例 5-8】 已知某车间如图 5-28 所示，采用装配式有檩体系钢筋混凝土屋盖（无保温层），屋面坡度为 1:2.5，采用带壁柱小砌块墙体，屋面永久荷载为 1.9kN/m²（水平投影），活载为 0.7kN/m²，基本风压为 0.55kN/m²，屋面出檐 500mm，屋架支座底面标高为 5.0m，屋架支座底面至屋脊的高度为 3.0m，室外地面标高为 -0.2m，用 MU10 小砌块、M5 混合砂浆，墙体截面尺寸见图 5-31。试验算墙体的承载力。

【解】 1. 静力计算方案

车间的屋盖属第二类屋盖，横墙间距 $20m < S < 48m$，横墙厚 190mm，无洞口，墙长大于墙高，故属于刚弹性方案。

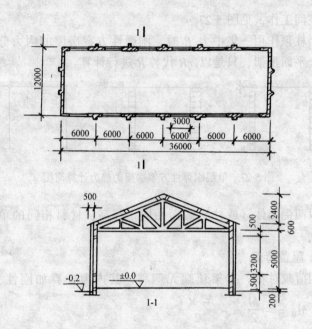

图 5-28 某车间平面、剖面图

2. 计算单元

取中间一个柱距 6m 作为计算单元，计算截面取窗间墙宽度。

3. 计算简图

计算简图如图 5-29 所示，排架柱的高度 $H = 5 + 0.5 = 5.5$ m。

4. 荷载

(1) 屋面荷载：

永久荷载 $P_1 = 1.9 \times 6 \times \dfrac{12+1}{12} = 74.1$ kN

活荷载 $P_2 = 0.7 \times 6 \times \dfrac{12+1}{12} = 27.3$ kN

(2) 风荷载：

作用在柱顶集中风荷载 $W = 3.42$ kN（计算从略）

156

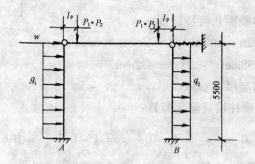

图 5-29 计算简图

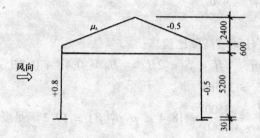

图 5-30 系数

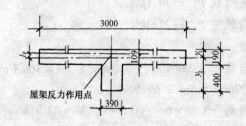

图 5-31 截面尺寸

迎风墙面均布风荷载 $q_1 = \mu_s \mu_2 W \times 6 = 0.8 \times 0.81 \times 0.55$
$\times 6 = 2.14 \text{kN/m}$

背风墙面均布风荷载 $q_2 = 0.5 \times 0.81 \times 0.55 \times 6$
$= 1.34 \text{kN/m}$

157

5. 墙体截面几何特征值

$A = 7.26 \times 10^5 \text{mm}^2 \quad h_T = 496\text{mm}$

$Y_1 = 158\text{mm} \quad Y_2 = 432\text{mm}$

6. 纵墙高厚比验算

(1) 带壁柱墙高厚比验算：

$\mu_1 = 1.0 \quad \mu_2 = 1 - 0.4\dfrac{b_s}{S} = 1 - 0.4\dfrac{3}{6} = 0.8$

$[\beta] = 24 \quad H_0 = 1.2H = 1.2 \times 5.5 = 6.6\text{m}$

$\beta = \dfrac{H_0}{h_T} = \dfrac{6600}{496} = 13.3 < \mu_1\mu_2[\beta] = 1.0 \times 0.8 \times 24 = 19.2$

满足要求。

(2) 壁柱间墙高厚比验算：

$S = 6\text{m} \quad H < S < 2H \quad H_0 = 0.4S + 0.2H = 0.4 \times 6 + 0.2 \times 5.5 = 3.5\text{m}$

$\beta = \dfrac{H_0}{h} = \dfrac{3500}{190} = 18.4 < \mu_1\mu_2[\beta] = 19.2$ 满足要求。

7. 内力计算

(1) 轴力：

屋面永久荷载 $P_1 = 74.1\text{kN}$

屋面活荷载 $P_2 = 27.3\text{kN}$

墙体自重

窗间墙自重 $3.38\text{kN/m}^2 \times 3.0\text{m} \times 5.5\text{m} + 16\text{kN/m}^3 \times 0.4\text{m} \times 0.39\text{m} \times 5.5\text{m} = 69.50\text{kN}$

窗上墙自重 $3.38 \times 6 \times (0.5 + 0.6) = 22.31\text{kN}$

永久荷载在基础顶面处产生的轴向力 $N = 74.1 + 69.50 + 22.31 = 165.91\text{kN}$

(2) 排架内力：

按刚弹性方案，查表 5-13 得空间性能影响系数 $\eta = 0.68$。

1) 屋面永久荷载 P_1 作用下：

$l_p = 100 - (190 - 158) = 68\text{mm} = 0.068\text{m}$

$$M_1 = P_1 \times l_P = 74.1 \times 0.068 = 5.04 \text{kN} \cdot \text{m}$$

$$M_{A1} = M_{B1} = -\frac{M_1}{2} = -\frac{5.04}{2} = -2.52 \text{kN} \cdot \text{m}$$

2）屋面活荷载 P_2 作用下：

$$M_2 = P_2 \times l_P = 27.3 \times 0.068 = 1.86 \text{kN} \cdot \text{m}$$

$$M_{A2} = M_{B2} = -\frac{M_2}{2} = -0.93 \text{kN} \cdot \text{m}$$

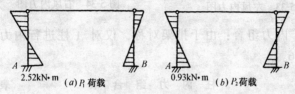

图 5-32 内力图

3）风荷载作用下（左风）：

$W = 3.42 \text{kN} \quad q_1 = 2.14 \text{kN/m} \quad q_2 = 1.34 \text{kN/m}$

$$M_{A左} = \frac{\eta WH}{2} + \left(\frac{1}{8} + \frac{3\eta}{16}\right) q_1 H^2 + \frac{3\eta}{16} q_2 H^2$$

$$= \frac{0.68 \times 3.42 \times 5.5}{2} + \left(\frac{1}{8} + \frac{3 \times 0.68}{16}\right) 2.14 \times 5.5^2$$

$$+ \frac{3 \times 0.68}{16} \times 1.34 \times 5.5^2$$

$$= 27.91 \text{kN} \cdot \text{m}$$

$$M_{B左} = -\frac{\eta WH}{2} - \left(\frac{1}{8} + \frac{3\eta}{16}\right) q_2 H^2 - \frac{3\eta}{16} q_1 H^2$$

$$= -\frac{0.68 \times 3.42 \times 5.5}{2} - \left(\frac{1}{8} + \frac{3 \times 0.68}{16}\right) 1.34 \times 5.5^2$$

$$- \frac{3 \times 0.68}{16} \times 2.14 \times 5.5^2$$

$$= -24.88 \text{kN} \cdot \text{m}$$

右风： $M_{A2} = -24.88 \text{kN} \cdot \text{m} \quad M_{B2} = 27.91 \text{kN} \cdot \text{m}$

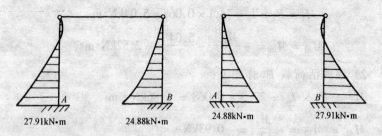

图 5-33 左风内力图　　图 5-34 右风内力图

(3) 内力组合：由于排架对称，仅对 A 柱进行内力组合，见表 5-16。

柱 内 力 组 合 表　　　　表 5-16

序号	荷载情况	荷载分项系数	柱底内力	
			M (kN·m)	N (kN)
1	永久荷载	1.2	-3.02	199.1
2	活　载	1.4	-1.30	38.2
3	左　风	1.4	39.07	0
4	右　风	1.4	-34.83	0
荷载组合	① + ③ + 0.6②		35.27	222
	① + ④ + 0.6②		-38.63	222
	① + 0.85 (② + ③)		29.08	231.57
	① + 0.85 (② + ④)		-33.73	231.57

8. 墙体承载力验算

选用轴力 $N = 222$ kN　　$M = 38.63$ kN·m

$$l = \frac{M_K}{N_K} = \frac{27.96 \times 10^6}{182.29 \times 10^3} = 153 \text{mm}$$

$\beta = 13.3$　查表 5-7 得 $\varphi = 0.248$

$\varphi f A = 0.248 \times 1.83 \times 7.26 \times 10^5 = 329.49$ kN $> N = 222$ kN 满足要求。

五、多层刚性方案房屋

1. 选取计算单元

通常选择建筑中荷载较大、截面较薄弱的部位，截取一个开间向的墙体作为计算单元，受荷宽度为 $\dfrac{l_1+l_2}{2}$，见图 5-35。

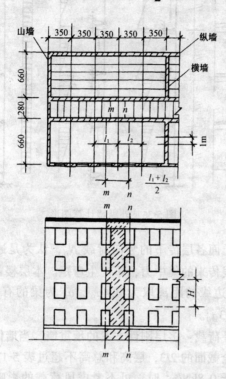

图 5-35　计算单元

2. 计算简图

在竖向荷载作用下，墙、柱在层高范围内，近似地视作两端铰支的竖向构件，见图 5-36（b）。

在水平风荷载作用下，墙、柱可视作竖向的连续梁，见图 5-36（c）。

3. 荷载

（1）竖向荷载：每层楼盖传来的轴向力 N_l，只对本层墙体

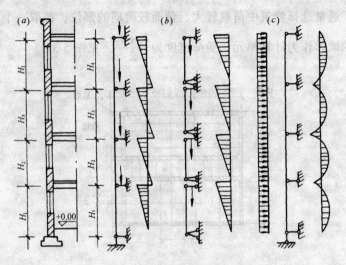

图 5-36 外纵墙计算图形

产生弯矩,上面各层传下的竖向荷载 N_0,认为是通过上一层墙体截面中心线传来的集中力,不产生弯矩。本层楼盖梁端支承压力 N_l 到墙内边缘的距离取为 $0.4a_0$,a_0 为梁的有效支承长度,屋盖梁取 $0.33a_0$。

(2) 水平荷载:多层刚性方案的承重墙,当墙体洞口水平截面积不超过全截面的 2/3,层高和总高不超过表 5-17 的数值,屋面自重不小于 $0.8kN/m^2$ 时,可不考虑风荷载的影响,仅按竖向荷载计算。

外墙不考虑风荷载影响时的最大高度   表 5-17

基本风压值 (kN·m²)	层 高 (m)	总 高 (m)
0.4	3.8	22
0.5	3.8	19
0.6	3.6	16
0.7	3.0	13

当必须考虑风荷载时,风荷载引起的弯矩 M,可按下式计算:

$$M = \frac{1}{12}qH_i^2 \tag{5-58}$$

式中　q——计算单元每 m 高墙体上的风荷载;
　　　H_i——第 i 层层高。

4. 控制截面的内力(不考虑风荷载时)

每层墙体可取二个控制截面:

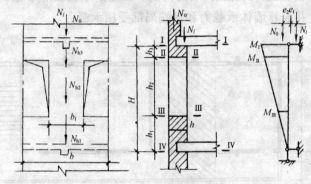

图 5-37　外墙最不利截面位置内力图

Ⅰ-Ⅰ截面:墙体顶部,位于大梁成板底面。

$$M_{Ik} = N_{lk} \times l_1 - N_{0k} \times l_2 \tag{5-59}$$

$$l_1 = \frac{M_{Ik}}{N_{lk} + N_{0k}} \tag{5-60}$$

$$N_1 = N_l + N_0 \tag{5-61}$$

$$A_1 = b_1 \times h$$

Ⅳ-Ⅳ截面:墙体下部,位于大梁或板底截面;对于底层墙体,应取基础顶面处墙体截面。

$$M_{Ⅳ} = 0 \tag{5-62}$$

$$N_{Ⅳ} = N_1 + N_{h3} + N_{h2} + N_{h1} \tag{5-63}$$

$$A_{Ⅳ} = b_1 \times h$$

5. 墙体截面承载力验算

当小砌块强度等级、砂浆强度等级和墙体截面积相同时，取 n 层墙体中最下一层墙体按（5-20）式进行承载力验算。

$$N \leqslant \varphi f A \tag{5-20}$$

【例 5-9】 某五层小砌块教学楼，平面布置如图 5-38 所示，建筑层高 3.3m，楼板为予应力空心板，大梁的截面尺寸为 250mm×500mm，大梁伸入墙内 300mm，小砌块墙厚 190mm，壁柱尺寸 390mm×390mm，双面粉刷。试确定小砌块和砂浆的强度等级，并验算墙体承载力和梁端局部受压承载力。

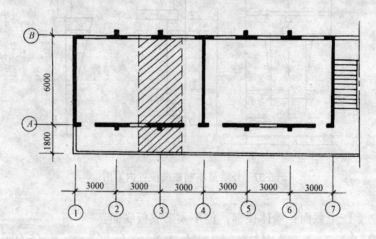

图 5-38 某教学楼平面

1. 荷载
(1) 屋面荷载：

120mm 砖架空隔热层	1.5kN/m²
油毡防水层	0.1kN/m²
20mm 厚砂浆找平层	0.4kN/m²
预应力空心板	1.8kN/m²
板底抹灰	0.2kN/m²

屋面自重   4.0kN/m²
屋面大梁自重   3.2kN/m²
屋面活载   0.5kN/m²

（2）楼面荷载：
20mm 水泥砂浆面层   0.4kN/m²
预应力空心板   1.8kN/m²
板底抹灰   0.2kN/m²

楼面自重   2.4kN/m²
栏杆自重   1.0kN/m
楼面大梁自重   3.2kN/m
楼面活载   2.0kN/m²
走廊活载   2.5kN/m²

（3）墙体自重：
190mm 厚小砌块墙、双面抹灰   3.38kN/m²
390mm × 390mm 壁柱   2.7kN/m
390mm × 390mm 灌实壁柱   4.1kN/m
门窗自重   0.3kN/m²

2．计算单元

取③轴斜线部分为计算单元。

3．内力计算

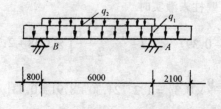

图 5-39 屋面竖向荷载

(1) 屋面传来的竖向荷载:

$q_1 = 1.2 \times [(4.0-1.5) \times 3 + 3.2] + 1.4 \times 0.5 \times 3$
$\quad = 14.94 \text{kN/m}$

$q_2 = 1.2 \times 1.5 \times 3 = 5.4 \text{kN/m}$

$R_A = \dfrac{14.94 \ [(2.1+6)^2 - 0.8^2]}{2 \times 6} + \dfrac{5.4 \times 6}{2} = 97.1 \text{kN}$

$R_B = 14.94 \times (6+2.1+0.8) + 5.4 \times 6 - 97.1 = 68.3 \text{kN}$

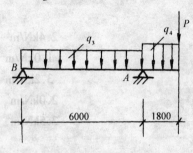

图 5-40 楼面竖向荷载

(2) 每层楼面传来的竖向荷载:

$q_3 = 1.2(2.4 \times 3 + 3.2) + 1.4 \times 2 \times 3$
$\quad = 20.88 \text{kN/m}$

$q_4 = 1.2(2.4 \times 3 + 3.2) + 1.4 \times 2.5 \times 3$
$\quad = 22.98 \text{kN/m}$

$P = 1 \times 3 = 3 \text{kN}$

$R_A = \dfrac{20.88 \times 6}{2} + \dfrac{22.98 \times 1.8\left(6+\dfrac{1.8}{2}\right)}{6} + \dfrac{3(1.8+6)}{6}$

$\quad = 114.11 \text{kN}$

$R_B = 20.88 \times 6 + 22.98 \times 1.8 + 3 - 114.11 = 55.53 \text{kN}$

(3) 每层墙自重:

Ⓐ轴墙:壁柱未灌实时

$1.2\left\{\left[(3-0.39) \times 3.3 - \dfrac{1.5 \times 1.9}{2}\right] \times 3.38 + 2.7 \times 3.3 \right.$

$\left. + \dfrac{1.5 \times 1.9}{2} \times 0.3 \right\} = 1.2 \{24.30 + 8.91 + 0.43\} = 40.37 \text{kN}$

壁柱用混凝土灌实时

$1.2 \{24.30 + 4.1 \times 3.3 + 0.43\} = 45.91 \text{kN}$

Ⓑ轴墙：

1.2｛［(3-0.39)×3.3-1.8×1.97］×3.38+2.7×3.3
+(1.8×1.9)×0.3｝= 1.2｛17.13+8.91+1.03｝
= 32.48kN

4.Ⓐ轴墙体和梁端局压承载力验算

（1）材料选择：

首层用 MU10 小砌块、M5 混合砂浆

$$f = 0.85 \times 2.37 = 2.01 \text{MPa}$$

二层以上用 MU7.5 小砌块、M5 混合砂浆

$$f = 0.85 \times 1.83 = 1.55 \text{MPa}$$

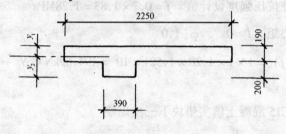

图 5-41 截面尺寸

（2）轴体的截面特性：

$$A = 5.055 \times 10^5 \text{mm}^2$$

$$y_1 = 125 \text{mm} \qquad y_2 = 265 \text{mm} \qquad h_T = 313 \text{mm}$$

（3）二层墙体承载力验算：

$$N = 114.11 \times 3 + 97.1 + 40.37 \times 4 = 600.91 \text{kN}$$

$$\beta = \frac{H_0}{h_T} = \frac{3.3 \times 10^3}{313} = 10.5 \qquad l = 0 \qquad \varphi = 0.86$$

$\varphi f A = 0.86 \times 1.55 \times 5.055 \times 10^5 = 673.8 \text{kN} > N$ 满足要求。

(4) 二层梁端局压承载力验算：

二层以上墙体传来的轴向力 N_0：

$$N_u = 114.11 \times 2 + 97.1 + 40.37 \times 3 = 446.43 \text{kN}$$

$$\sigma_0 = \frac{N_u}{A} = \frac{446.43 \times 10^3}{5.055 \times 10^5} = 0.88 \text{MPa}$$

设预制混凝土梁垫尺寸：390mm × 390mm × 200mm

$$A_b = 390 \times 390 = 1.521 \times 10^5 \text{mm}^2$$

$$N_0 + N_l = \sigma_0 \times A_b + N_l = 0.88 \times 1.521 \times 10^5 + 114.11 \times 10^3$$
$$= 247.96 \text{kN}$$

壁柱抗压强度设计值 $f = 0.7 \times 1.83 = 1.28 \text{MPa}$

偏心矩 $l = 0$ $\varphi = 1.0$

$\varphi \gamma_1 f A_b = 1 \times 1 \times 1.28 \times 1.521 \times 10^5 = 194.69 \text{kN} < N_0 + N_l$ 不满足要求。

用 C15 混凝土填实垫块下三皮砌块

$$f = \frac{0.8}{1-8} \times 1.28 = \frac{0.8}{1-0.45} \times 1.28 = 1.86 \text{MPa}$$

$\varphi \gamma_1 f A_b = 1 \times 1 \times 1.86 \times 1.521 \times 10^5 = 282.9 \text{kN} > N_0 + N_l$ 满足要求。

(5) 首层墙体承载力验算：

$N = 114.11 \times 4 + 97.1 + 40.37 \times 3 + 45.91 \times 2 = 766.47 \text{kN}$

$\varphi f A = 0.86 \times 2.01 \times 5.055 \times 10^5 = 873.8 \text{kN} > N$ 满足要求。

(6) 首层梁端局压承载力验算：

$$N_u = 114.11 \times 3 + 97.1 + 40.37 \times 3 + 45.91 = 606.45 \text{kN}$$

$$\sigma_0 = \frac{606.45 \times 10^3}{5.055 \times 10^5} = 1.20 \text{MPa}$$

$$N_0 + N_l = 1.2 \times 1.521 \times 10^5 + 114.11 = 296.63 \text{kN}$$

$\varphi \gamma_1 f A_b = 1 \times 1 \times 2.41 \times 1.521 \times 10^5 = 366.56 \text{kN} > N_0 + N_l$ 满足要求。

5. 墙体高厚比验算（从略）
6. Ⓑ轴墙体和梁端局压承载力验算（从略）

第六节 基 础

小砌块建筑需根据地基的承载力、变形，上部结构荷载的大小、变化，有无地下室，施工条件以及经济等因素来确定基础的型式。通常的基础型式有：1. 刚性条形基础；2. 钢筋混凝土条形基础；3. 墙下筏板基础；4. 桩基；5. 单独柱基等。

由于小砌块建筑墙体抗剪、抗拉强度比较低，因此，在选择基础型式、基础设计、构造处理时，必须充分考虑地基的情况，增强基础抵抗不均匀沉降的能力，以免对上部结构的墙体产生不利影响，导致墙体裂缝，影响结构的安全和使用功能。由于上述原因，有些地区对于小砌块建筑的基础有严格的控制要求。

基础的计算需遵循《建筑地基基础设计规范》（GBJ7—89）的规定。本节介绍小砌块建筑基础的构造处理。

一、刚性条形基础

图 5-42 示一小砌块刚性基础。用 3：7 灰土垫层，设二道钢筋混凝土地梁，-1.48m 以下用砖基础，-1.30m 以上用小砌块，砌块孔洞用 C15 细石混凝土灌实，外墙基础在 -0.61m 以下 150mm 厚用粘土砖，-0.43 以上用加气混凝土作外保温，芯柱插筋锚固在 -1.30m 地梁内。

二、钢筋混凝土条形基础

图 5-43 示一小砌块钢筋混凝土条形基础。在 -0.02m 以下有 200mm 高的地梁，地梁下为钢筋混凝土条形基础，地梁上砌筑小砌块，外墙有 150mm 厚的保温层。

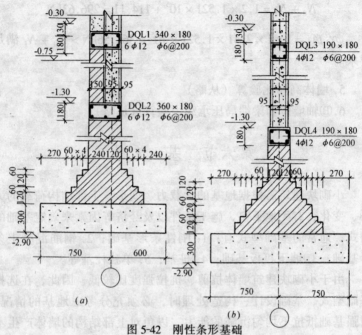

图 5-42 刚性条形基础
(a) 外墙基础；(b) 内墙基础

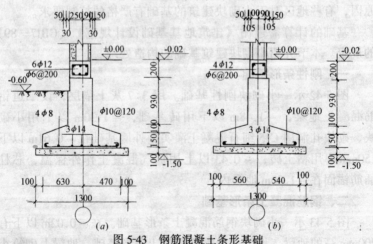

图 5-43 钢筋混凝土条形基础
(a) 外墙基础；(b) 内墙基础

第七节 小砌块建筑非设防地区的结构构造措施

小砌块建筑结构设计时,除对受力构件进行承载力计算确保其安全外,还应通过一系列的构造措施加强结构的整体性,使结构在正常使用情况下具有良好的工作性能,以及在正常维护下具有足够的耐久性。

一、变形缝的设置

根据目前设计规范和规程小砌块建筑中的变形缝有:(1)沉降缝;(2)伸缩缝;(3)抗震缝。沉降缝可作为伸缩缝使用;在地震区,沉降缝、伸缩缝还需满足抗震缝的要求。

1. 沉降缝

由于小砌块建筑对地基不均匀变形比较敏感。因此,当地基软弱或较复杂时,以及建筑物体型变化较大时,应在下列部位设置沉降缝:

(1)建筑物平面的转折部位。
(2)高度差异或荷载差异较大处。
(3)地基土的压缩性有显著差异处。
(4)建筑结构或基础类型不同处。
(5)分期建造房屋的交界处。

沉降缝应有一定的宽度,缝宽可按表 5-18 选用。

房屋沉降缝宽度 表 5-18

房 屋 层 数	缝 宽(mm)
2~3	50~80
4~5	80~120
5层以上	>120

当沉降缝两侧层数不同时,缝宽按层数较高者采用。

2. 伸缩缝

伸缩缝是防止房屋在正常使用条件下，由温差和墙体干缩而引起的墙体竖向裂缝而采取的构造措施。

小砌块房屋伸缩缝的最大间距可按表 5-19 的规定从严参考采用。

小砌块房屋温度伸缩缝的最大间距(m)　　　表 5-19

屋盖或楼盖类别		间　距
整体或装配整体式混凝土结构	有保温层或隔热层的屋盖	50
	无保温层或隔热层的屋盖	40
装配式无檩体系混凝土结构	有保温层或隔热层的屋盖	60
	无保温层或隔热层的屋盖	50
装配式有檩体系混凝土结构	有保温层或隔热层的屋盖	75
	无保温层或隔热层的屋盖	60
粘土瓦或石棉水泥瓦屋盖、木屋盖或楼盖		75

注：1. 当有实践经验和可靠依据时，可不遵守本表的规定。
　　2. 温差较大且变化频繁地区和严寒地区不采暖的房屋及构筑物的墙体，伸缩缝最大间距应按表中数值予以适当减少。
　　3. 层高大于 5m 的单层房屋，其伸缩缝间距可按表中数值乘以 1.30，但不应大于 75m。
　　4. 房屋的伸缩缝应与其他变形缝相重合，缝内应嵌以软质可塑材料，在进行立面处理时，必须使缝隙能起伸缩作用。

必须指出的是：表 5-19 的规定是沿袭砖石结构规范的规定而来的，从多年的实践来看，表中规定的数值偏大，特别是东西向建筑的外墙、大面积空旷建筑的围护墙以及温差较大且变化频繁的地区。因此，设计小砌块建筑时必须从严掌握，并采取一定的防止墙体开裂措施。关于这方面情况，其他各章中均有论述。

国外对小砌块建筑伸缩缝最大间距控制较严。如美国规定：当墙体有水平筋时，间距为 12～18m；当同时有水平筋和竖向筋时，其最大限值为 30m。英国规定为 7.6m。原苏联规定，由于混凝土砌块的线膨胀系数为粘土砖的两倍,故小砌块房屋伸缩的间距仅为砖砌体房屋的$\frac{1}{2}$。

二、一般构造要求

为了保证小砌块房屋的整体性和耐久性,小砌块墙、柱需要满足下列一般的构造要求。

1. 小砌块和砂浆的最低强度等级

(1)五层及五层以上民用房屋的首层墙体,应采用不低于MU5的小砌块和M5砂浆。

(2)房屋外墙,潮湿房间的内墙,以及受振动或层高大于6m的墙、柱,应采用不低于MU5的小砌块和M5砂浆。

(3)地面以下或防潮层以下的砌体,根据土壤的潮湿程度按表5-20要求选用。砌块用普通混凝土小砌块,不宜用混合砂浆。

地面以下或防潮层以下的砌体所用
材料的最低强度等级　　　　表5-20

基土的潮湿程度	砌　　块	水泥砂浆
稍潮湿的	MU5	M5
很潮湿的	MU7.5	M5
含水饱和的	MU7.5	M7.5

注:砌体孔洞均应用强度等级不低于C15的混凝土灌实。

2. 墙体孔洞的填实

小砌块建筑的墙体,在某些部位用混凝土将孔洞灌实,其主要作用是:(1)加强小砌块建筑的整体性;(2)提高砌体的抗剪能力;(3)满足结构计算上提高局部强度的需要;(4)满足稳定、防潮防渗、嵌固预埋件等构造要求。填实的部位有:

(1)首层室内地面以下和防潮层以下的砌体的孔洞用C15混凝土全部填实。

(2)楼板、搁栅、檩条的支承面下,当无支承梁或圈梁时,用

C10混凝土填实一皮砌块或砌一皮实心砌块。

(3)屋架、大梁等构件的支承面下,高度为400mm、长度不小于600mm范围内予以填实。如因局部受压承载力需要,应在计算面积范围内灌实不少于三皮。

(4)没有设置混凝土垫块的支梁支承处,灌实的宽度不应小于600mm,高度不应少于一皮。

(5)挑梁的悬挑长度不小于1.2m时,在梁的支承部位内外墙交接处,纵横各灌3个孔洞,灌实高度不小于三皮砌块。

3. 砌体加筋

砌体加筋除满足计算需要外,尚应在下列部位设置构造钢筋:

(1)砌块错缝砌筑,不满足搭接长度要求处;

(2)后砌隔墙,沿墙高每隔600mm应与承重墙用$\phi 4$钢筋网片或$2\phi 6$钢筋拉结,钢筋伸入墙内长度不应小于600mm(见图5-44),钢筋网片必须设置在灰缝砂浆中,否则钢筋网片需作防绣处理;

(3)为防止墙体开裂而设置的构造钢筋;

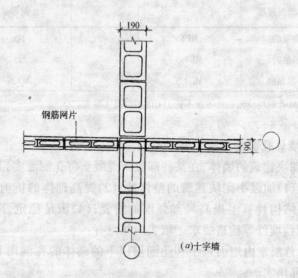

图 5-44 砌体加筋图(一)

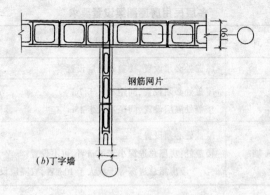

(b)丁字墙

图 5-44 砌体加筋图(二)

(4)钢筋混凝土芯柱的竖向钢筋;

(5)复合墙之间的拉结条;

(6)因抗震要求设置的构造钢筋。

4．圈梁

在小砌块房屋的墙体中,设置钢筋混凝土圈梁,不仅增强房屋的整体刚度,防止由于地基不均匀沉降或较大的振动荷载等对房屋引起不利的影响,而且对防止墙体的裂缝有重要的作用。

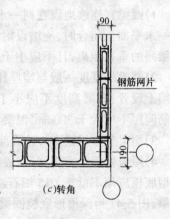

(c)转角

图 5-44 砌体加筋图(三)

(1)圈梁设置的部位:

1)多层房屋或比较空旷的单层房屋,应在基础部位设置一道现浇圈梁,当房屋建造在软弱地基或不均匀地基上时,圈梁刚度应适当加强。

2)比较空旷的单层房屋,如车间、仓库、食堂等,当檐口高度为 4~5m 时,应设置一道圈梁,当檐口高度大于 5m 时,宜适当增设。

3)一般多层民用房屋,应按表 5-21 规定设置圈梁。

多层民用房屋圈梁设置要求　　　　　　　　　表 5-21

圈梁位置	圈梁设置要求
沿外墙	屋盖处必须设置,楼盖处隔层设置
沿内横墙	屋盖处必须设置,间距不大于 7m 楼盖处隔层设置,间距不大于 15m
沿内纵墙	屋盖处必须设置 楼盖处:房屋总进深小于 10m 者,可不设置; 　　　　房屋总进深等于或大于 10m 者,宜隔层设置

(2) 圈梁的构造要求:

1) 圈梁宜连续地设在同一水平面上,并形成封闭状;当不能在同一水平面上闭合时,应增设附加圈梁,其搭接长度不应小于两倍圈梁间的垂直距离,且不应小于 1m。

2) 圈梁的宽度一般与墙厚相同,当为复合墙体时,圈梁可在承重墙上设置;圈梁高度不应小于 150mm,纵向钢筋不宜少于 4ϕ8,箍筋间距不应大于 300mm,混凝土强度等级不应低于 C15。

3) 圈梁兼作过梁时,过梁部分钢筋应按计算用量单独配置。

4) 屋盖处圈梁宜现浇,楼盖处圈梁可采用预制槽型底模整浇,槽型底模应用不低于 C15 细石混凝土制作,图 5-46 为浅槽形底模圈梁,图 5-47 为深槽形底模圈梁。

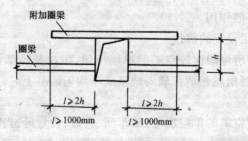

图 5-45　附加圈梁

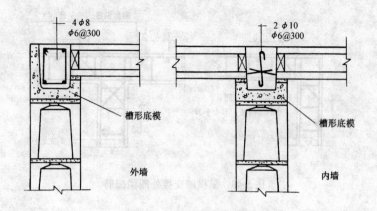

图 5-46 浅槽形底模圈梁

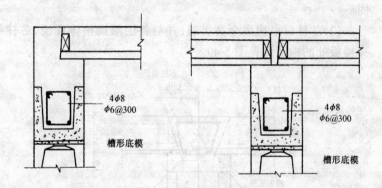

图 5-47 深槽形底模圈梁

5) 挑梁与圈梁相遇时,宜整体现浇,当采用预制挑梁时,应采取适当措施,保证挑梁、圈梁与芯柱的整体连接。

6) 整体式钢筋混凝土楼盖可不设圈梁。

7) 圈梁在纵、横墙交接处,应设置附加钢筋予以加强,见图5-48。

5. 芯柱

(1) 芯柱截面不宜小于 120mm×120mm,宜用不低于 C15 的细石混凝土灌实。

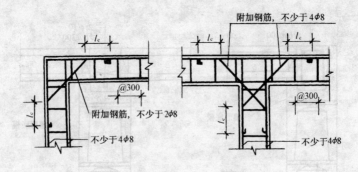

图 5-48 纵横墙交接处圈梁配筋

(2)钢筋混凝土芯柱每孔内插不小于 1φ10 的竖筋,底部应伸入室外地面下 500mm 处或锚固在基础圈梁内,顶部与屋盖圈梁锚固。

(3)芯柱应沿房屋全高贯通,并与各层圈梁整体现浇,芯柱贯穿楼板处的构造详见图 5-49。

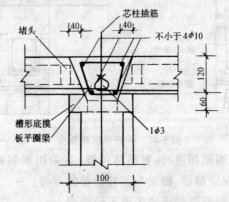

图 5-49 芯柱贯穿楼板的构造

(4)在钢筋混凝土芯柱处,沿墙高每隔 600mm 应设 φ4 钢筋网片与墙体拉结或用 φ6 钢筋,每边伸入墙体不小于 600mm。

(5)不考虑抗震设防的建筑,四~六层房屋在外墙转角,楼梯间四角、大房间内外墙交接处应设置芯柱。外墙转角灌实 3 个孔，内外墙交接处灌实 4 个孔，见图 5-50。

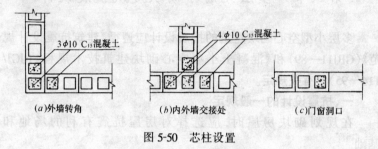

图 5-50　芯柱设置

(6)门、窗洞口两侧宜灌实一个孔洞。

钢筋混凝土芯柱的构造见图 5-51。

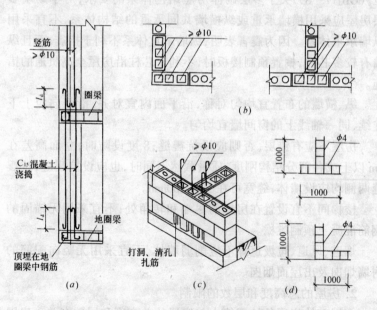

图 5-51　钢筋混凝土芯柱构造
(a)纵向钢筋构造；(b)转角与丁字墙芯柱平面；
(c)丁字墙芯柱透视；(d)钢筋网片

第八节 多层无筋小砌块建筑抗震设计

多层小型空心砌块建筑的抗震设计应遵循《建筑抗震设计规范》(GBJ11—89)和《混凝土小型空心砌块建筑技术规程》(JGJ/T14—95)的有关规定。

一、抗震设计的一般规定

在规划砌块房屋时,应选择对房屋抗震有利的场地和基础。

1. 房屋的结构体系

考虑到小砌块材料和施工条件的制约,按照《建筑抗震设计规范》(GBJ11—89)关于多层砌体房屋结构体系的要求,对小砌块多层房屋应采用横墙承重或纵横墙共同承重的结构体系,不宜采用纵墙承重体系。因为震害表明,纵墙承重体系不利于抗震,而且纵墙有较多芯柱,搁置预制楼板时,不利于芯柱沿房屋全高贯通的措施。

纵、横墙的布置宜均匀对称,沿平面内宜对齐,沿竖向应上下连续,同一轴线上的窗间墙宜均匀。

房屋不应有错层,否则应设抗震缝;8度设防时,立面高差在6m以上或各部分结构刚度、质量截然不同时,也应设抗震缝;抗震缝两侧均应设墙体,缝宽可在50~100mm。

楼梯间不宜设置在房屋的尽端和转角处;不宜采用无锚固的钢筋混凝土预制挑檐。

烟道、风道、垃圾道等不应削弱墙体,不宜采用无竖向配筋的附墙烟囱及出屋面烟囱。

2. 房屋的总高度和层数的限制

多层砌体房屋的抗震能力与房屋的总高度和层数有关。房屋越高、层数越多,房屋在地震中严重破坏和倒塌的比例越大。根据少量震害和足尺模型试验,规范提出了房屋总高度和层数的限值,见表5-22。

多层房屋总高度（m）和层数限值 表 5-22

砌块墙体类别	最小墙厚(m)	烈度					
		6		7		8	
		高度	层数	高度	层数	高度	层数
普通混凝土小砌块	0.19	21	七	18	六	15	五
轻骨料混凝土小砌块	0.19	18	六	15	五	12	四

注：1. 本规程将"设防烈度"简称"烈度"，烈度为 6 度、7 度、8 度简称为 6 度、7 度、8 度。

2. 房屋总高度指室外地面至檐口高度，半地下室可从地下室室内地面算起，全地下室可从室外地面算起。

3. 当房屋的层高不超过 3m，并按照规定采取加强构造措施后，层数可增加 1 层，但医院、教学楼等横墙较少的房屋不应增加。

对医院、教学楼等横墙较少的房屋（横墙间距大于 4.2m 的房间的面积在某一层内大于该层总面积的 $\frac{1}{4}$），其总高度应比表 5-22 规定的高度降低 3m，层数减少一层。各层横墙很少的房屋，应根据具体情况再适当降低总高度和减少层数。

3. 房屋高宽比的限制

砌块房屋应以墙体受剪承载力来抵抗水平地震作用，不得出现过大的整体弯曲变形。所以具有层间剪切变形的结构，应限制房屋总高度与总宽度的最大比值。表 5-23 列出不同设防烈度地区房屋最大高宽比。

房屋最大高宽比 表 5-23

烈 度	6	7	8
最大高宽比	2.5	2.5	2.0

注：单面走廊房屋的总宽度不包括走廊宽度。

4. 抗震横墙间距的限制

多层小砌块房屋的横向地震力由横墙承受，因此，横墙应具有足够的抗剪承载能力,楼(屋)盖应具有足够的刚度传递水平地震作用至横墙。表 5-24 根据楼(屋)盖的刚度和整体性,规定了抗震横墙的最大间距。如果横墙间距过大,楼(屋)盖刚度不足,将使纵墙先发生平面外过大弯曲变形而破坏。

抗震横墙最大间距(m) 表 5-24

楼 屋 盖 类 别	烈 度		
	6	7	8
现浇或装配整体式钢筋混凝土	15	15	11
装配式钢筋混凝土	11	11	7

5. 房屋局部尺寸的限制

多层小砌块房屋的墙体,对地震反应敏感、易遭受地震破坏的部位,其局部尺寸应满足表 5-25 的要求。

房屋的局部尺寸限值(m) 表 5-25

部 位	烈 度			
	6	7	8	9
承重窗间墙最小宽度	1.0	1.0	1.2	1.5
承重外墙尽端至门窗洞边最小距离	1.0	1.0	1.5	2.0
非承重外墙尽端至门窗洞边最小距离	1.0	1.0	1.0	1.0
内墙阳角至门窗洞边的最小距离	1.0	1.0	1.5	2.0
无锚固女儿墙(非出入口处)的最大高度	0.5	0.5	0.5	0.0

二、多层无筋小砌块建筑的抗震计算

小砌块房屋一般可在建筑结构的两个主轴方向分别考虑水平地震作用,并进行抗震验算。各方向的水平地震作用应全部由该方向的抗侧力构件承受。多层砌体房屋的地震破坏主要是由水平地震作用引起的,因此,对于多层小砌块房屋的抗震验算,一般只考虑水平地震作用的影响,而不考虑竖向地震作用的影响。由于多层小砌块房屋层数不多,沿高度刚度分一般也比较均匀,可不考虑水平地震作用的扭转影响。以剪切变形为主的小砌块房屋,水平地震作用计算可采用底部剪力法。

1. 水平地震作用的计算

(1)计算简图:

多层小砌块房屋,可视为嵌固于基础顶面的竖立悬臂梁,将各层质量集中于各层楼盖处,计算简图如图5-52所示。集中在第 i 层楼盖处的重力荷载 G_i 由 i 层楼盖自重、作用在该楼面上的可变荷载、以及该楼层上下层墙体自重的一半。计算地震作用时建筑物的重力荷载代表值,应取结构和楼面自重的标准值和可变荷载组合值之和,各可变荷载的组合值系数见表5-26。

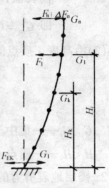

图 5-52 计算简图

组合值系数　　　　表 5-26

可变荷载种类		组合值系数
雪荷载		0.5
屋面积灰荷载		0.5
屋面活荷载		不考虑
按实际情况考虑的楼面活荷载		1.0
按等效均布荷载考虑的楼面活荷载	藏书库、档案库	0.8
	其他民用建筑	0.5

(2)总水平地震作用标准值:

结构底部总的水平地震作用标准值 F_{EK} 可按下式计算:

$$F_{EK} = \alpha_1 G_{eq} \tag{5-64}$$

式中　α_1——相应于结构基本自振周期的水平地震影响系数,

多层砌块房屋可取 $\alpha_1 = \alpha_{max}$,7度区 $\alpha_{max} = 0.08$,8

度区 $\alpha_{max} = 0.16$;

G_{eq}——结构等效总重力荷载,单质点系可取总的重力荷载代表值,多质点系可取总重力荷载代表值的85%,即 $G_{eq} = 0.85\sum_{i=1}^{n} G_i$。

(3)沿高度 i 质点的水平地震作用标准值 F_i 为:

$$F_i = \frac{G_i H_i}{\sum_{j=1}^{n} G_j H_j} F_{EK} \tag{5-65}$$

式中 G_i、G_j——集中于 i、j 质点的重力荷载代表值;

H_i、H_j——质点 i、j 的计算高度。

2. 楼层地震剪力的分配

(1)各楼层水平地震剪力标准值:

第 j 层的楼层地震剪力 V_j 按下式计算:

$$V_j = \sum_{i=j}^{n} F_i \tag{5-66}$$

(2)各层水平地震剪力的分配:

1)刚性楼盖:

对于现浇和装配整体式钢筋混凝土楼(屋)盖横墙间距满足表5-24 的要求,可将楼(屋)盖视作在水平方向具有无限刚度的弹性支承多跨连续梁,弹性支座限各横墙,见图5-53。当结构对称,结构的刚度中心和质量中心相重合,楼(屋)盖只产生沿水平地震作用方向的位移,不会产生转动,各横墙的水平位移相等。因此,可以认为各道横墙分配的楼层地震剪力与各横墙的抗侧力刚度成正比。

$$V_{im} = \frac{D_{im}}{\sum_{m=1}^{m} D_{im}} V_i \tag{5-67}$$

式中 V_{im}——第 i 层第 m 道横墙承受的水平地震剪力;

D_{im}——第 i 层第 m 道横墙层间抗侧力刚度;

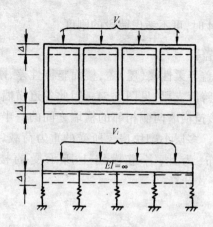

图 5-53 刚性楼盖计算简图

V_i——第 i 层水平地震剪力。

对于墙段高宽比 $\frac{h}{b} < 1$ 时,横墙的抗侧力刚度只考虑剪切变形,即:

$$D_{im} = \frac{GA_{im}}{\xi h_{im}} \qquad (5\text{-}68)$$

式中 G——砌体的剪变模量;

A_{im}——第 i 层第 m 道横墙的截面积;

ξ——剪应力分布不均匀系数,对矩形截面 $\xi = 1.2$;

h_{im}——第 i 层第 m 道横墙的高度。

当墙段的高宽比 $1 \leqslant \frac{h}{b} \leqslant 4$ 时,应同时考虑弯曲和剪切变形,即:

$$D_{im} = \frac{1}{\dfrac{h_{im}^3}{12EI_{im}} + \dfrac{\xi h_{im}}{GA_{im}}} \qquad (5\text{-}69)$$

式中 E——砌体的弹性模量;

I_{im}——第 i 层第 m 道横墙的截面惯性矩。

对于 $\frac{h}{b}>4$ 时,可不考虑墙段的刚度。

2)柔性楼盖:

对于木楼盖等柔性楼(屋)盖,楼面整体性差、刚性小,可将楼(屋)盖视为多跨简支梁,见图 5-54。因此各道横墙所负担的水平地震力,可按该道横墙两侧相邻的横墙之间的一半面积上的重力荷载比例分配。多层小砌块房屋所受的重力荷载,一般沿建筑物面积均匀分布,为此,各道横墙上所承受的楼层地震剪力 V_{im} 可近似按下式计算:

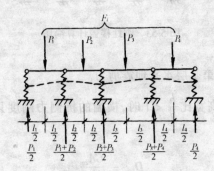

图 5-54 计算简图

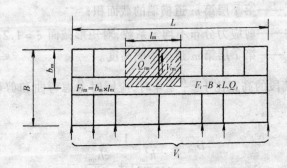

图 5-55 第 i 楼层的荷载面积

$$V_{im} = \frac{F_{im}}{\sum_{m=1}^{n} F_{im}} V_i \tag{5-70}$$

式中 F_{im}——第 i 层第 m 道横墙所承担的重力荷载面积，为横墙两侧两个跨间中心线范围内面积。

3) 中等刚性楼盖：

对于装配式钢筋混凝土等中等刚性楼(屋)盖，它的整体性和水平方向抗弯刚度介于刚性楼盖和柔性楼盖之间。因此，装配式楼盖的横墙所承受的楼层地震剪力取上述两种情况的平均值，即：

$$V_{im} = \frac{1}{2}\left(\frac{D_{im}}{\sum_{m=1}^{n} D_{im}} + \frac{F_{im}}{\sum_{m=1}^{n} F_{im}}\right) V_i \tag{5-71}$$

进行房屋纵向水平地震力分配时，由于楼盖纵向水平抗侧刚度很大，各层纵向水平地震剪力按各道纵墙的抗侧力刚度分配。

(3) 每道墙各墙段水平地震剪力的分配：

每道墙各墙段的水平地震剪力，按各墙段的抗侧力刚度进行分配：

$$V_{imk} = \frac{D_{imk}}{\sum_{k=1}^{n} D_{imk}} V_{im} \tag{5-72}$$

式中 D_{imk}——第 i 层第 m 道横墙第 k 墙段的抗侧力刚度。

(4) 各墙段水平地震剪力设计值：

$$V'_{imk} = 1.3 V_{imk} \tag{5-73}$$

3. 墙体截面抗震承载力验算

(1) 砌体的抗震抗剪强度：

小砌块砌体沿阶梯形截面破坏的抗震抗剪强度设计值可按下式计算：

$$f_{vE} = \zeta_N f_v \tag{5-74}$$

式中 f_{vE}——砌体沿阶梯形截面破坏的抗震抗剪强度设计值；

f_v——非抗震设计的砌体抗剪强度设计值；

ζ_N——砌体强度的正应力影响系数,可按表 5-27 采用。

砌体强度的正应力影响系数　　　　表 5-27

	σ_0/f_v	1.0	3.0	5.0	7.0	10.0	15.0	20.0
ζ_N	普通混凝土小砌块	1.25	1.75	2.25	2.60	3.10	3.95	4.80
	轻骨料混凝土小砌块	1.18	1.54	1.90	2.20	2.65	3.40	4.15

注:σ_0 为对应于重力荷载代表值的砌体截面平均压应力。

σ_0 可按下式计算:

$$\sigma_0 = \frac{N}{A} \quad (5\text{-}75)$$

式中　N——作用于墙体横截面上重力荷载代表值;
　　　A——墙体截面积。

(2)墙体截面抗震承载力验算:

普通混凝土小砌块墙体截面抗震承载力应按下列公式验算:

$$V \leq \frac{1}{\gamma_{RE}}[f_{vE}A + (0.03 f_c A_{c.a} + 0.05 f_y A_s)\zeta_c] \quad (5\text{-}76)$$

式中　γ_{RE}——承载力抗震调整系数,两端有构造柱、芯柱的抗
　　　　　　　震墙,取 $\gamma_{RE} = 0.9$,自承重墙 $\gamma_{RE} = 0.75$,其他抗
　　　　　　　震墙 $\gamma_{RE} = 1.0$;
　　　f_c——芯柱混凝土轴心抗压强度设计值;
　　　$A_{c.a}$——芯柱总截面面积;
　　　A_S——芯柱钢筋总截面面积;
　　　ζ_c——芯柱影响系数,可按表 5-28 采用。

芯 柱 影 响 系 数　　　　表 5-28

填孔率 ρ	$\rho < 0.15$	$0.15 \leq \rho < 0.25$	$0.25 \leq \rho < 0.5$	$\rho \geq 0.5$
ζ_c	0	1.0	1.10	1.15

注:填孔率指芯柱根数与孔洞总数之比。

轻骨料混凝土小砌块墙体的截面抗震抗剪承载能力,应接下式验算:

$$V \le \frac{f_{vE}A}{r_{RE}} \qquad (5-77)$$

式中　V——墙体剪力设计值;

　　　A——墙体截面面积。

三、抗震构造措施

1. 芯柱的设置

按 6～8 度设防的小砌块房屋,应按表 5-29 的要求设置钢筋混凝土芯柱。对医院、教学楼等横墙较少的房屋,应按房屋增加一层后的层数,根据表 5-29 的要求设置芯柱。芯柱插筋不应小于 1φ12。

混凝土小砌块房屋芯柱设置要求　　表 5-29

房屋层数			设 置 部 位	设 置 数 量
6度	7度	8度		
四	三	二	外墙转角,楼梯间四角,大房间内外墙交接处	
五	四	二		
六	五	四	外墙转角,楼梯间四角,大房间内外墙交接处,山墙与内纵墙交接处,隔开间横墙(轴线)与外纵墙交接处	外墙转角,灌实 3 个孔;内外墙交接处,灌实 4 个孔
七	六	五	外墙转角,楼梯间四角,各内墙(轴线)与外墙交接处;8 度时,内纵墙与横墙(轴线)交接处和洞口两侧	外墙转角,灌实 5 个孔;内外墙交接处,灌实 4 个孔;内墙交接处,灌实 4～5 个孔。洞口两侧各灌实 1 个孔

当外墙采用轻骨料混凝土双排孔或多排孔小砌块时,墙体内不能设置芯柱,可按《建筑抗震设计规范》(GBJ11—89)的要求设置

钢筋混凝土构造柱。

除按表5-29的构造要求设置芯柱外,根据计算设置的芯柱宜均匀布置,8度设防的五层房屋,芯柱最大间距不应大于2.4m。

在抗震设防地区,多层小砌块房屋需要增加一层时,如8度区由五层增加至六层,檐口标高由15m增加至18m,芯柱的设置应按下列要求加强:

(1)外墙转角处,芯柱由5个增加至7个;

(2)内外墙交接处,芯柱由4个墙加至5个;

(3)内墙十字交接处,芯柱由5个增至7个;

(4)门、窗洞口两侧各灌实1~2个孔;

(5)房屋的一、二层和顶层,6度、7度、8度芯柱的最大净距分别不宜大于2.0m、1.6m和1.2m;

(6)芯柱插筋不应小于1φ16。

2. 圈梁的设置

(1)房屋内均应设置现浇钢筋混凝土圈梁,不得采用槽形小砌块作模板浇注的圈梁,并按表5-30的要求进行设置。

现浇钢筋混凝土圈梁设置要求　　　　表5-30

墙　类	烈　　度	
	6,7	8
外墙及内纵墙	屋盖处及每层楼盖处	屋盖处及每层楼盖处
内　横　墙	同上;屋盖处沿所有横墙,楼盖处间距不应大于7m;构造柱对应部位	同上;各层所有横墙

(2)对房屋的顶层和底层,在窗台标高处,沿纵横墙应设置现浇钢筋混凝土带,混凝土带的厚度不应小于40mm,带内钢筋不宜小于2φ8,用φ6@250mm的分布筋拉结,混凝土强度等级不应低于C15。

3. 其他构造要求

(1)房屋的圈梁楼(屋)盖及后砌非承重隔墙和附属结构口件,

及楼梯间等方面的其他构造措施,应符合《建筑抗震设计规范》(GBJ11—89)多层砖房的有关要求。

(2)轻骨料混凝土小砌块外墙房屋,宜按上述加强的构造要求。

(3)芯柱竖向插筋应贯通墙身并与圈梁连接。

(4)芯柱混凝土应贯通楼板,当采用装配式钢筋混凝土楼盖时,应优先采用适当设置现浇钢筋混凝土板带的方法,或采用图5-49的方式实施贯通措施。

四、实例

【例5-10】已知:混凝土小型砌块六层住宅楼,8度地震区,Ⅱ类场地土,平面、剖面如图5-56、图5-57所示。横墙承重、开间3.3m、外墙用190mm砌块承重、内贴100mm加气混凝土保温层。楼(屋)盖采用预应力圆孔板,房屋层高首层3.95m、二～六层2.7m,砌块强度等级 MU10,砂浆强度等级一、二层M10,三、四层M7.5,五、六层M5.0。

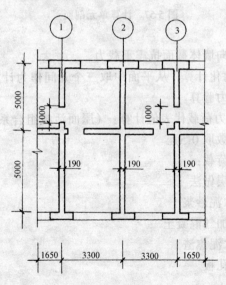

图5-56 计算单元平面

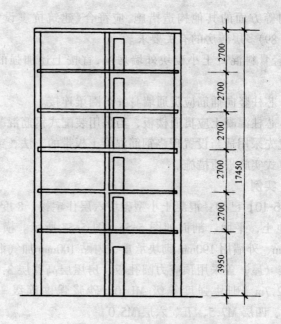

图 5-57 计算单元剖面

试验算横向墙体截面抗震承载力。

【解】 为简化计算，从平面中取三个开间作为计算单元进行墙体抗震承载力验算。

1. 各层重力荷载代表值计算：（屋面活载组合系数取 0，楼面活载组合系数取 0.5）。

（1）重力荷载：

屋面：面层做法	$0.35kN/m^2$
20mm 厚水泥砂浆	$0.40kN/m^2$
100mm 厚加气混凝土	$0.65kN/m^2$
70mm 厚水泥焦渣	$1.0kN/m^2$
预应力圆孔板	$2.0kN/m^2$
	$4.4kN/m^2$

楼面：35mm 豆石混凝土　　　　　　　　　984kN/m²
预应力圆孔板　　　　　　　　　　　　　2.0kN/m²
活载居室 $1.5 \times 0.5 = 0.75$kN/m²
　　　　　　　　　　　　　　　　平均取 0.88kN/m²
厨房 $2.0 \times 0.5 = 1.0$kN/m³

　　　　　　　　　　　　　　　　　　　　3.72kN/m²
阳台　　　　　　　　　　　　　　　　　　6kN/m²
雨罩　　　　　　　　　　　　　　　　　　2.4kN/m²
190mm 砌块双面抹灰　　　　　　　　　　3.6kN/m²
100mm 厚加气混凝土　　　　　　　　　　1.33kN/m²

（2）各层重力荷载代表值：

首层：　　　　　　　　　　　　　　$G_1 = 1117.05$kN

二～五层：　　　　　　　　　　　$G_2 \sim G_5 = 966.27$kN

六层：　　　　　　　　　　　　　　$G_6 = 727.47$kN

（3）结构等效总重力荷载：

$$G_{eq} = 0.85 \sum_{i=1}^{6} G_i = 4853.16 \text{kN}$$

2．水平地震作用计算

（1）总水平地震作用标准值：

$$F_{Ek} = \alpha_{max} \cdot G_{eq} = 0.16 \times 4853.16 = 776.5 \text{kN}$$

（2）各层水平地震作用标准值：

$$F_i = \frac{G_i H_i}{\sum_{j=1}^{n} G_j H_j} F_{Ek}$$

各层水平地震作用标准值　　　　　　　　　表 5-31

层数	F_{Ek} (kN)	H_i (m)	G_i (kN)	$G_i H_i$ (kNM)	$G_i H_i / \sum_{j=1}^{n} G_j J_j$	F_i (kN)
6	776.5	17.45	727.47	12694.35	0.217	168.50
5	776.5	14.75	966.27	14252.48	0.244	189.47

续表

层数	F_{Ek} (kN)	H_i (m)	G_i (kN)	G_iH_i (kNM)	$G_iH_i/\sum_{j=1}^{n}G_iJ_i$	F_i (kN)
4	776.5	12.05	966.27	11643.55	0.199	154.52
3	776.5	9.35	966.27	9034.62	0.155	120.35
2	776.5	6.65	966.27	6425.69	0.110	85.42
1	776.5	3.95	1117.05	4412.34	0.075	58.23

(3) 各楼层水平剪力标准值和设计值：

标准值：$V_j = \sum_{i=j}^{n} F_i$

设计值：$V_j' = 1.3 V_j$

各楼层水平剪力标准值和设计值　　　表 5-32

层　数	V_j (kN)	V_j' (kN)
6	168.50	219.05
5	357.97	465.36
4	512.49	666.24
3	632.84	822.69
2	718.26	933.74
1	776.49	1009.44

(4) 各层墙段地震剪力的分配：

$$V_{jm} = \frac{1}{2}\left(\frac{D_{jm}}{\sum D_{jm}} + \frac{F_{jm}}{\sum F_{jm}}\right) V_j' = \frac{1}{2} C_m V_j'$$

各层墙段地震剪力 表5-33

层数	项次 墙肢	墙肢面积 D_{jm} (m²)	荷载面积 F_{jm} (m²)	C_m	V'_j (kN)	V_{jm} (kN)
6	①、③轴	9×0.19	3.3×10	0.327	219.05	71.63
	②轴	10×0.19	3.3×10	0.345	219.05	75.57
5	①、③轴	9×0.19	3.3×10	0.327	465.36	152.17
	②轴	10×0.19	3.3×10	0.345	465.36	157.44
4	①、③轴	9×0.19	3.3×10	0.327	666.24	217.86
	②轴	10×0.19	3.3×10	0.345	666.24	229.85
3	①、②轴	9×0.19	3.3×10	0.327	822.69	269.01
	②轴	10×0.19	3.3×10	0.327	822.69	283.83
2	①、②轴	9×0.19	3.3×10	0.327	933.74	305.33
	②轴	10×0.19	3.3×10	0.345	933.74	322.14
1	①、②轴	9×0.19	3.3×10	0.327	1009.44	330.08
	②轴	10×0.19	3.3×10	0.345	1009.44	348.26

3. 墙体抗震抗剪强度验算

(1) 各层横墙砌体平均压应力 σ_0：

六层①轴、③轴：

$\sigma_0 = [4.4 \times 3.3 \times 10 + 0.5(2.7 \times 10 - 1 \times 2.4) \times 3.6] / 0.19 \times 9$

$= 0.110 \text{MPa}$

②轴：

$\sigma_0 = [4.4 \times 3.3 \times 10 + 0.5 \times 2.7 \times 10 \times 3.6]/0.19 \times 10$

$= 0.102 \text{MPa}$

五层①轴、③轴：$\sigma_0 = 0.234 \text{MPa}$

②轴：$\sigma_0 = 0.217 \text{MPa}$

四层①轴、③轴：$\sigma_0 = 0.353 \text{MPa}$

②轴：$\sigma_0 = 0.334 \text{MPa}$

三层①轴、③轴：$\sigma_0 = 0.482\text{MPa}$

②轴：$\sigma_0 = 0.449\text{MPa}$

二层①轴、③轴：$\sigma_0 = 0.605\text{MPa}$

②轴：$\sigma_0 = 0.565\text{MPa}$

首层①轴、③轴：$\sigma_0 = 0.741\text{MPa}$

②轴：$\sigma_0 = 0.692\text{MPa}$

(2) 墙体截面抗震承载力验算：

$$V \leqslant \frac{1}{\gamma_{\text{RE}}}[f_{\text{vE}}A + (0.03f_c A_c + 0.05f_y A_s)\zeta_c]$$

$$\gamma_{\text{RE}} = 0.90$$

表5-34列出了各层，各轴墙段上墙体截面抗震承载力验算结果。表5-34中未计算砌块墙体中芯柱混凝土和钢筋的抗震承载力。

各层、各墙段墙体抗震承载力验算　　　　表 5-34

层数	墙段	γ_{RE}	σ_0 (MPa)	f_v (MPa)	f_{vE} (MPa)	A (mm²)	$[V_{j\text{m}}]$ (kN)	$V_{j\text{m}}$ (kN)	$\dfrac{[V_{j\text{m}}]}{V_{j\text{m}}}$
6	①、③	0.9	0.110	0.07	0.097	1.71×10^6	184.3	71.63	2.57
6	②	0.9	0.102	0.07	0.095	1.9×10^6	200.5	75.57	2.65
5	①、③	0.9	0.234	0.07	0.128	1.71×10^6	243.2	152.17	1.60
5	②	0.9	0.217	0.07	0.124	1.9×10^6	261.7	157.44	1.66
4	①、③	0.9	0.353	0.08	0.168	1.71×10^6	319.2	217.86	1.46
4	②	0.9	0.334	0.08	0.163	1.9×10^6	344.1	229.85	1.50
3	①、③	0.9	0.482	0.08	0.194	1.71×10^6	368.8	269.01	1.37
3	②	0.9	0.449	0.08	0.189	1.9×10^6	399.0	283.83	1.41
2	①、③	0.9	0.605	0.10	0.243	1.71×10^6	461.7	305.33	1.51
2	②	0.9	0.565	0.10	0.236	1.9×10^6	498.2	322.14	1.55
1	①、③	0.9	0.741	0.10	0.267	1.71×10^6	507.3	330.08	1.54
1	②	0.9	0.692	0.10	0.259	1.9×10^6	546.7	348.26	1.57

第六章 配筋小砌块建筑结构设计

第一节 一般原则

任何建筑材料作为承重结构都有它合理的使用范围。钢结构有钢结构的合理使用范围，用钢结构可以建造世界上最高的建筑；钢筋混凝土结构的合理使用范围在170m以下；对配筋砌块砌体结构的设计来说，其高度的确定，应实事求是，从国情出发，不勉强追求高指标，首先要考虑的原则是经济合理、技术指标先进可靠，同时还必须考虑施工方便、施工有保证。对配筋混凝土小型空心砌块砌体结构来说，应采取积极慎重的态度，搞清楚它的特性，采取合理的技术措施，尽量做到所建的建筑不出问题，少出问题。

一、结构形式

目前世界各国经常采用的配筋砌块砌体的结构形式有以下三种：即剪力墙结构、壁式框架结构和框架—剪力墙结构，其中以剪力墙结构采用的最为普遍。目前壁式框架结构配合剪力墙结构一起应用，有进一步发展的趋势。

二、最大适用高度

我国采用配筋砌块砌体结构建成的房屋不太多，已建成并投入使用的有广西和本溪的11层办公楼和住宅，分别建于6度地震区和小于6度地震区，总高度为30m；重庆市下属的万州市建成了12层住宅，按7度设防，总高度为37.0m；辽宁省盘锦市住宅楼为14层，局部15层，位于7度地震区，总高度为45.5m；上海园南新村建了18层住宅，按7度设防，总高度为51.4m。国外这方面工作做的比较早，也比较扎实，已建有大量的13、

16层直至20层的住宅和宾馆，用配筋砌块砌体建的最高建筑为拉斯维加斯的28层宾馆，它们都很好的经受住了地震的考验。近年来，国内用配筋砌块砌体建造高层建筑的呼声越来越高，大有发展的趋势。

根据国内外的建设经验，对于规则的建筑，用配筋砌块砌体作承重结构，其建设高度可按表6-1进行控制：

配筋混凝土小型空心砌块房屋的最大适用高度和层数（m）　　表6-1

墙最小厚度（mm）	6度		7度		8度		9度	
	高度	层数	高度	层数	高度	层数	高度	层数
190	60	18	55	16	45	14	30	9

对于横墙较少的房屋，适用的最大高度和层数应适当减少。房屋的层高不宜超过4m。对于不规则的房屋，或建于Ⅳ类场地的建筑，其高度宜适当降低。当墙厚采用240mm时，其高度和层数还可放宽。

三、最大适用的高宽比

配筋混凝土小型空心砌块房屋的总高度与总宽度的比值不应超过表6-2的规定。

配筋混凝土小型空心砌块房屋的最大高宽比　　表6-2

烈　　度	6度	7度	8度	9度
最大高宽比	6	6	5	3

四、变形缝的设置

配筋混凝土小型空心砌块房屋在设计中要考虑四个缝的设置，即温度伸缩缝，沉降缝，防震缝和控制缝。

（一）温度伸缩缝

设置温度伸缩缝的主要目的是为了防止当室外温度发生骤烈变化时墙上产生不规则裂缝，因为建筑物的温度变形主要发生在外墙上。不同的砌体具有不同的线膨胀系数，砌块砌体的线膨胀系数比粘土砖大一倍左右，故砌块砌体的伸缩缝间距应有别于粘土砖，建议按表6-3采用。

集中采暖地区房屋温度伸缩缝的最大间距（m） 表6-3

室外计算温度（℃）	≤-30	-21~-30	-11~-20	≥-10
最大间距（m）	25	30	40	50

注：对非采暖地区，表中数值可按≥-10℃数值适当放宽。

（二）沉降缝

房屋沉降缝一般均在下列情况设置：

（1）当房屋基础下有不同土层，地基的压缩特性相差较大时。

（2）在新房屋与老房屋接缝处。

（3）当房屋各部分高差大于10m以上时。

（4）当房屋各部分之间荷载相差较大，造成基础宽相差在2~3倍以上时。

（5）当房屋各部分之间基础埋深相差较大时。

（三）防震缝

设置防震缝的目的是为了将房屋分成若干个刚度和质量相当的规则的结构单元，避免地震时互相拉裂和互相碰击。防震缝要有足够的宽度，当房屋高度不超过20m时，可采用70mm，当房屋高度超过20m时，8度和9度相应每增高4m和3m，宜加宽20mm。

宏观震害调查发现，在6度和7度区，虽然在按规范规定该设缝的部位没有设缝，房屋也无明显震害，因此，只在8度和9度时，在下列情况下才设防震缝：

（1）房屋立面高差在6m以上时。

（2）房屋有错层，且楼板高差较大时。

（3）房屋各部分的结构刚度和质量相差很大时。

（四）控制缝

砌块砌体有一个很大的特点，就是对湿度变化很敏感，随着湿度变化而发生体积变化。因此在设计中还要考虑因湿度变化而须设置的缝，这个缝就叫控制缝。控制缝应设在因湿度变化发生干缩变形可能引起应力集中和砌块砌体产生裂缝可能性最大的部位，如墙高变化处；墙厚度变化处；基础附近；楼板和屋面板设缝的部位以及墙面的洞口处。控制缝的间距，在没有充分试验数据前，建议按表6-4采用。

砌块砌体控制缝最大间距　　　　表6-4

$\phi^b 4$ 钢筋网片配置的最大间距(mm)	控制缝最大间距（m）	
	墙长与墙高的比值	墙长
不配置	2.0	12.0
600	2.5	13.5
400	3.0	15.0
200	4.0	18.0

注：1. 配筋砌块砌体，经过应力分析的，可不受上表限制。
　　2. 山墙端头至第一个控制缝的距离不宜超过7.5m。

控制缝应沿房屋全高设置，并应与伸缩缝，沉降缝和防震缝联合设置。外墙控制缝应是防水的，饰面材料也应分开，避免挤压坏。

五、结构变形限值

不同的砌块砌体结构形式，有不同的位移限值，见表6-5。

砌块砌体结构允许层间位移值　　　　表6-5

结　构　类　型	层间位移限值
砌体悬臂墙结构	0.01h
砌体剪力墙结构	0.007h
砌体壁式框架结构	0.013h

第二节　配筋砌块砌体结构和结构构件设计与计算原则

一、结构设计与计算原则

本节主要讨论剪力墙、墙段和柱的设计原则、受力特点和计算原则。

(一) 剪力墙的布置原则和受力特点

剪力墙在建筑平面中应尽量作到均匀对称布置，并有一定的数量，以保证建筑物有足够的刚度和受力均匀。在布置剪力墙时，除考虑适量的横墙外（这是能做到的），还要保证设置适量的纵向墙，使得建筑物在两个主轴方向上有接近的刚度和大体相当的固有振动频率。

墙在建筑物中应起到以下作用：

(1) 布置在外立面上的纵横墙，要承担垂直荷载，同时还要承担由风荷载和地震作用产生的平面外弯曲以及平面内受弯和受剪；

(2) 布置在平面内的纵横墙，要承担垂直荷载，同时还要承担地震作用产生的平面内和平面外的受弯和受剪。

剪力墙可根据其不同的外形尺寸，分为三类：

Ⅰ类——剪力墙的高宽比 $\leqslant 0.25$ 者，此类剪力墙在平面内，在水平荷载（作用）作用下，以剪力变形为主。此类墙的抗剪能力决定着墙的承载力；

Ⅱ类——剪力墙的高宽比界于 0.25 和 3.0 之间者，此类墙在平面内，在水平荷载（作用）作用下，以弯曲变形和剪切变形二者为主，墙的承载能力由抗剪能力和抗弯能力共同决定；

Ⅲ类——剪力墙的高宽比 >3.0 者，此时墙就变为墙段，是以弯曲变形为主，墙的抗弯能力决定着墙的承载能力。

影响剪力墙承载能力的因素有：

(1) 剪力墙自身尺寸的比例关系;
(2) 剪力墙所采用的砌块和砌筑砂浆的抗压强度等级;
(3) 剪力墙内配筋多寡;
(4) 剪力墙上有无洞口及其大小;
(5) 剪力墙平面布置的合理性;
(6) 剪力墙与交叉墙的连接程度;
(7) 剪力墙的四边约束。

在计算剪力墙变形时,有时可只考虑剪切变形,有时又可以只考虑弯曲变形。但是,在计算剪力墙截面应力时,其剪应力和弯应力则必须同时考虑。

(二) 墙段的布置原则和受力特点

墙段不是柱,也不是墙,墙段同样是承受垂直荷载和水平荷载(作用)的垂直结构构件。墙段有严格的定义:

(1) 墙段的厚度 t 不得小于 190mm,也不得大于 390mm。
(2) 墙段的宽度 l 不得小于 $3t$,也不得大于 $6t$,如 $t = 190$mm,则 l 不得小于 600mm,也不得大于 1200mm。
(3) 墙段的净高 h 不得大于 $5l$,也不得大于 $30t$,而不得大于 3000mm。

墙段是以弯曲变形为主的构件,具有良好的延性,是一种很好的弯曲延性垂直构件,在设计中可结合剪力墙广泛应用,使建筑物具有良好的延性。

(三) 柱的布置原则和受力特点

配筋混凝土小型空心砌块砌体柱可以是独立柱,可以是扶壁柱,也可以是设在墙中的暗柱。独立柱的最小尺寸为 390 × 390mm,柱的最大高宽比为 25。独立柱可以用砌块组砌,也可以用特殊砌块组砌。

一般情况下,独立柱是以弯曲变形为主。

配筋混凝土小型空心砌块砌体柱,如用标准块组成、难度较大,承载力也受到很大限制,箍筋配置起来也较困难,宜尽量少用;在不得已非用不可时,建议用特殊砌块组砌。

暗柱是一种较好的结构，它施工简单，进度快，砌块类型少，室内墙面平整等。

混凝土小型空心砌块砌体结构在计算中应承认下列假定：

(1) 在结构弹性分析中，允许根据未开裂截面计算构件的面积，计算构件的刚度和回转半径。

(2) 在结构弹性分析中，允许采用换算截面概念，即不同材料可根据其相应的弹性模量进行换算。

(3) 在进行结构水平荷载和水平作用分析中遇有相交墙时，可考虑该墙有一定的翼缘宽度，以增大该墙的刚度，此时交叉墙必须满足以下要求：

1) 墙必须是错缝对孔砌筑的或是用 A 型块灌孔砌筑的；

2) 交叉墙连接措施应满足以下三者之一：有 50%的砌块是咬砌；用能保证传递剪力的金属件连接；用配筋圈梁拉接。

(4) 结构计算中应考虑温度、湿度和蠕变对结构的影响。

(5) 结构变形与所受的外力成线性比例关系。

二、结构构件设计与计算原则

(一) 计算的基本假定

配筋混凝土小型空心砌块砌体结构计算的基本假定有：

(1) 平截面假定，构件的截面在变形前和变形后均为平面。

(2) 匀质假定，钢筋与其毗邻的砌体（砌块和砂浆）和芯柱混凝土在受力时，认为受有相同的应变。

(3) 砌体、芯柱混凝土的抗拉强度在截面设计时，可忽略不计。

(4) 砌体、芯柱混凝土的最大可使用的压应变为 0.0025；

(5) 钢筋的最大拉应变取 0.01；当钢筋的应力低于屈服强度时，取应力等于弹性模量乘应变；当钢筋的应变大于相应的屈服强度时，认为钢筋的应力与应变无关，取其等于 f_y。

(6) 当构件截面的受压区由砌体和芯柱混凝土组成时，两者的抗压强度等级应选择尽量接近，这样受力比较均匀。

(二) 极限状态

配筋砌块砌体结构的极限状态是指整个结构或结构的某一部

分在工作中超过某一特定状态就不能满足设计规定的某一功能的要求时的特定状态。

配筋混凝土小型空心砌块砌体结构的极限状态可分为两大类，即承载力极限状态和正常使用极限状态。

1. 承载力极限状态

这种极限状态对应于结构或结构构件达到最大承载力和疲劳破坏或不适于继续承载的变形。

2. 正常使用极限状态

这种极限状态对应于结构或结构构件达到正常使用或耐久性的某项规定限制。

配筋混凝土小型空心砌块砌体结构构件应根据承载力极限状态和正常使用极限状态的要求，分别按下列规定进行计算和验算：

（1）承载力及稳定：所有结构构件均应进行承载力（包括压屈失稳）计算，在必要时尚应进行结构的倾覆和滑动验算。处于地震区的结构，尚应进行结构构件的抗震承载力计算。

（2）变形：对使用上需要控制变形值的结构和结构构件，应进行变形验算。

（3）抗裂及裂缝宽度：对使用上不允许出现裂缝的结构构件应进行砌体拉应力验算，对使用上允许出现裂缝的结构构件，应进行裂缝宽度验算。

结构构件的承载力（包括压屈失稳）计算和倾覆、滑移验算，均应采用荷载的设计值。变形、抗裂和裂缝宽度验算，均应采用相应的荷载代表值。当结构构件进行抗震设计时，荷载设计值和地震作用设计值均应按现行《建筑抗震规范》的规定采用。

（三）结构构件的可靠指标

结构构件的可靠度宜采用可靠指标度量。结构构件可靠指标是根据各种基本变量的平均值、标准差及其概率分布类型进行计算的。当在结构构件上仅有作用效应和结构抗力两个基本变量、且均遵守正态分布时，结构构件的可靠指标可按下式计算：

$$\beta = \frac{\mu_R - \mu_S}{\sqrt{\sigma_R^2 + \sigma_S^2}} \tag{6-1}$$

式中 β——结构构件的可靠指标；

μ_R，σ_R——结构构件抗力的平均值和标准差；

μ_S，σ_S——结构构件作用效应的平均值和标准差。

结构构件不能完成预定功能的概率为失效概率。结构构件的可靠指标与失效概率之间具有如下函数关系：

$$q_t = \varphi(-\beta) \tag{6-2}$$

式中 q_t——结构构件失效概率运算值；

$\varphi(\cdot)$——标准正态分布函数。

结构构件完成预定功能的概率与失效概率之间有如下关系：

$$q_t = 1 - q_s \tag{6-3}$$

式中 q_s——结构构件完成预定功能的概率，即结构构件的可靠度。

对于承载力极限状态，结构构件的可靠指标是根据结构构件的破坏类型和安全等级按表 6-6 确定的。

结构构件承载力极限状态设计时采用的可靠指标 β 值 表 6-6

破坏类型	安 全 等 级		
	一 级	二 级	三 级
延 性 破 坏	3.7	3.2	2.7
脆 性 破 坏	4.2	3.7	3.2

延性破坏是指结构构件在破坏前有明显的变形或其它预兆，脆性破坏则相反，无明显的变形或其它预兆。

一般砌体结构房屋，其安全等级可归为二级。由于配筋砌块砌体具有较好的延性，故在配筋砌块砌体结构设计中采用 $\beta = 3.2$ 是没有问题的，而与 β 值相对应的结构构件失效概率 $q_t = 6.87 \times 10^{-4}$。

结构构件在正常使用极限状态设计中，采用什么可靠指标，《建筑结构设计统一标准》中未做明确规定，设计人员可根据各地区的工程实践经验自己选定。

(四) 正常使用极限状态验算规定

对正常使用极限状态，结构构件应分别按荷载的短期效应组合、长期效应组合或短期效应组合并考虑长期效应组合的影响进行验算，还要保证变形、裂缝、应力等计算值不超过相应的规定限值。

结构构件的设计，应根据使用要求选用不同的裂缝控制等级。裂缝控制等级可分为两级：

一级——严格要求不出现裂缝的构件，按荷载的短期效应组合进行计算时，构件受拉边缘不出现拉应力；

二级——允许出现裂缝的构件，最大裂缝宽度按荷载的短期效应组合并考虑长期效应组合的影响进行计算，其计算值一般不应超过 0.3mm；对处于露天和室内高湿度构件，其计算值不应超过 0.2mm。

配筋混凝土小型空心砌块砌体结构的裂缝，多数发生在灰缝中。

(五) 配筋砌块砌体结构构件的计算要求

承载力极限状态的计算要求

配筋砌块砌体结构构件的承载力，采用极限状态设计表达式：

$$\gamma_0 S \leq R \tag{6-4}$$

式中 γ_0——结构构件的重要性系数；
S——内力设计值；
R——承载力设计值。

建筑结构安全等级及其重要性系数 γ_0 按表 6-7 选用。

建筑结构安全等级及重要性系数 γ_0　　　　表 6-7

安全等级	破坏后果	建筑物类型	γ_0
一级	很严重	重要的建筑物	1.1
二级	严重	一般性建筑物	1.0
三级	不严重	次要的建筑物	0.9

注：1. 对有特殊要求的建筑物，其安全等级可根据具体情况另行确定。
　　2. 屋架、托架的安全等级应提高一级。
　　3. 承受恒载为主的轴心受压柱、小偏心受压柱，其安全等级宜提高一级。

内力组合设计值 S 有基本组合和偶然组合两种值。基本组合的荷载分项系数 γ 和荷载组合系数 ψ_0 可按表6-8采用。

荷载分项系数和组合系数表　　　　表6-8

荷载类型			荷载分项系数 γ	荷载组合系数 ψ_0	
				一般	简化计算
永久荷载			$\gamma_G = 1.2$	1.0	1.0
可变荷载	有风	第一个可变荷载	$\gamma_Q = 1.4$	1.0	0.85
		其他可变荷载	$\gamma_Q = 1.4$	0.6	0.85
	无风		$\gamma_Q = 1.4$	1.0	1.0

注：1. 验算倾覆、滑移和构件抗剪时，永久荷载的分项系数取 $\gamma_G = 0.9$。

2. 对楼面结构，当楼面活荷载标准值 $\geq 4\text{kN/m}^2$ 时，$\gamma_Q = 1.3$。

3. 对于一般排架、框架、壁式框架，当参与组合的可变荷载有两个或两个以上，且其中包括风荷载时，荷载组合系数 ψ_0 取 0.85。

荷载效应组合设计值按下式确定：

$$S = \gamma_G C_G G_K + \gamma_{Q1} C_{Q1} Q_{1K} + \psi_W \gamma_W C_W W_K \quad (6-5)$$

式中　S——荷载效应组合的设计值；

γ_G、γ_{Q1}、γ_W——分别为恒荷载、活荷载和风荷载分项系数；

C_G、C_{Q1}、C_W——分别为恒荷载、活荷载和风荷载的荷载效应系数；

G_K、Q_{1K}、W_K——分别为恒荷载、活荷载和风荷载的标准值；

ψ_W——风荷载的组合值系数。

（六）全灌芯柱的砌块砌体强度设计指标

（1）全灌芯柱砌块砌体的抗压强度设计值 f_b 按表6-9采用。

全芯柱砌块砌体抗压强度设计值 f_b（MPa）　　　表6-9

砌块\砂浆芯柱混凝土	M15			M10			M7.5		
	C25	C20	C15	C25	C20	C15	C25	C20	C15
MU20	10.36	9.56	8.76	9.55	8.75	7.95	8.73	7.93	7.13
MU15	9.17	8.37	7.57	8.28	7.48	6.68	7.84	7.04	6.24
MU10	—	—	—	6.97	6.17	5.37	6.66	5.86	5.06
MU7.5	—	—	—	—	—	—	6.05	5.25	4.45

(2) 全灌芯柱的砌块砌体弯曲抗拉强度设计值 f_{bv}（MPa）按表 6-10 采用。

全芯柱砌块砌体弯曲抗拉强度设计值 f_{bv}（MPa） 表 6-10

受力方向	砂浆强度等级	
	≥M10	M7.5
沿通缝截面	0.24	0.21
沿齿缝截面	0.16	0.13

(3) 全芯柱的砌块砌体弯曲抗压强度设计值，由于试验数据不多，暂按全芯柱抗压强度设计值采用，这是偏于安全的。

三、结构构件承载力计算

(一) 轴心受压构件承载力计算

1. 配筋砌块砌体柱轴心受压承载力计算可分两类进行：

(1) 当用特殊砌块组砌，并按规定配有箍筋时（如图 6-1），其正截面抗压承载力可按下式计算：

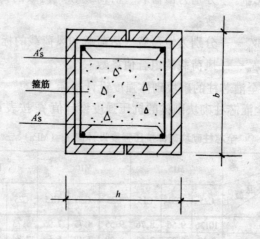

图 6-1 中心受压柱

$$N \leq \varphi(0.8 f_g A_g + n f_g A'_s) \tag{6-6}$$

式中 N——荷载设计值产生的轴向压力;

f_g——芯柱混凝土轴心抗压强度设计值;

A_g——芯柱混凝土横截面面积,$A_g = (h-2t)(b-2t)$;

n——弹性模量比值,$n = \dfrac{E_s}{E_g}$;

E_s——钢筋的弹性模量;

E_g——芯柱混凝土的弹性模量;

A'_s——受压钢筋横截面积;

φ——构件纵向受压稳定系数,见表 6-11。

稳定系数 φ 表　　　　　　　表 6-11

l_0/b	≤8	10	12	14	16	18	20	22	24
l_0/d	≤7	8.5	10.5	12	14	15.5	17	19	21
l_0/r	≤28	35	42	48	55	62	69	76	83
φ	1.0	0.98	0.95	0.92	0.87	0.81	0.75	0.70	0.65
l_0/b	26	28	30	32	34	36	38	40	42
l_0/d	22.5	24	26	28	29.5	31	33	34.5	36.5
l_0/r	90	97	104	111	118	125	132	139	146
φ	0.6	0.58	0.52	0.48	0.44	0.40	0.36	0.32	0.29

注:表中 l_0 为构件计算长度;b 为矩形截面的短边尺寸;d 为圆形截面的直径;r 为截面最小回转半径。

由于砌块砌体在柱截面中所占比例不大,且抗压强度较低,故忽略其承载力,是偏于安全的。

(2) 当采用标准砌块组砌时(如图 6-2),其轴心受压承载力可用下式计算:

$$N \leq \varphi(0.8 f_A + 0.8 f_g A_g + n f A'_s) \tag{6-7}$$

式中 A——砌体毛截面面积;

f——砌体抗压强度设计值;

其他符号同公式 (6-6),只是其中的 φ 值按下式计算:

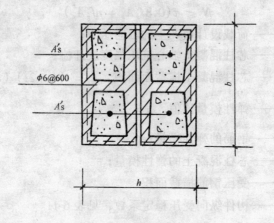

图 6-2 标准块组砌柱

当 $h/r < 99$ 时，$\varphi = \left[1 - \left(\dfrac{h}{140r} \right)^2 \right]$ （6-8）

当 $h/r \geqslant 99$ 时，$\varphi = \left(\dfrac{70r}{h} \right)^2$ （6-9）

式中　h——墙或柱的有效高度；

r——墙或柱的截面回转半径。

2. 配筋砌块砌体墙轴心抗压承载力计算

配筋砌块砌体墙的轴心抗压承载力仍按公式（6-7）进行计算，其折减系数 φ 也同公式（6-8）和（6-9）计算结果。

（二）配筋砌块砌体构件抗拉承载力计算

配筋砌块砌体构件的抗拉承载力可按下式进行计算：

$$N_L \leqslant f_y A_s \quad (6\text{-}10)$$

式中　N_L——荷载设计值产生的轴向拉力；

A_s——受拉钢筋的横截面积；

f_y——受拉钢筋抗拉强度设计值。

在轴心受拉构件的计算中，不考虑砌体和芯柱混凝土的抗拉作用，全部拉力均由所配的钢筋承受。

（三）配筋砌块砌体结构构件的抗弯承载力计算

配筋砌块砌体结构受弯构件的承载力计算可分两种情况进行，即单向配筋和双向配筋

1. 单向配筋砌块砌体受弯构件

当构件承载力受砌体的抗压承载力控制时，

$$M \leqslant 0.68 f_f C_b b \left(h_0 - \frac{a_b}{2}\right) \tag{6-11}$$

式中　f_f——砌块砌体弯压强度设计值；

　　　a_b——在构件截面的抗压和抗拉同时达到极限状态时，砌块砌体受压区等效矩形应力图的高度，$a_b = 0.85 C_b$；

　　　b——构件截面宽度；

　　　h_0——抗拉钢筋的有效高度；

　　　C_b——构件受压边缘至中和轴的距离。

当构件截面承载力受抗拉钢筋承载力控制时，

$$M \leqslant 0.8 f_y A_s \left(h_0 - \frac{a_b}{2}\right) \tag{6-12}$$

构件受弯时，其中和轴位置由下式确定：

$$C_b = \frac{0.0025 E_s}{0.0025 E_s + f_y} h_0 \tag{6-13}$$

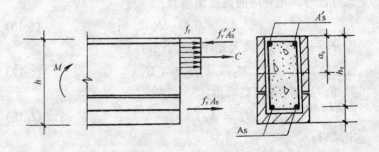

图 6-3　矩形截面受弯

2. 双向配筋砌块砌体受弯构件

双向配筋砌块砌体受弯构件承载力可按下式进行计算（如图6-4）：

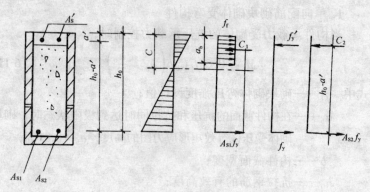

图6-4 双向配筋受弯

$$M \leq 0.8(M_1 + M_2) \quad (6-14)$$

式中 M_1——受弯构件截面单向配筋，并以最大允许配筋率配筋时，截面抗拉控制的受弯承载力；

$$M_1 = 0.5\rho_b b h_0 f_y \left(h_0 - \frac{a_b}{2}\right) \quad (6-15)$$

此时，与其相对应的抗拉钢筋为：

$$A_{s1} = 0.5\rho_b b h_0 \quad (6-16)$$

（ρ_b——受弯构件最大允许的配筋率）；

$$M_2 = 1.25M - M_1 \quad (6-17)$$

另外，从图6-4可以看出：

$$M_2 = A_{s2} f_y (h_0 - a') \quad (6-18)$$

由此得：

$$A_{s2} = \frac{M_2}{f_y(h_0 - a')} = \frac{1.25M - M_1}{f_y(h_0 - a')} \quad (6-19)$$

最后得受弯构件双向配筋时，其抗拉钢筋总量为：

$$A_s = A_{s1} + A_{s2} \tag{6-20}$$

（四）配筋砌块砌体墙体平面外抗弯承载力计算

配筋砌块砌体墙平面外抗弯承载力计算，可分两种情况进行，即全灌芯柱的和部分灌芯柱的：

1. 全灌芯柱的配筋砌块砌体墙

这里指的是砌块砌体墙中所有的孔都用强度等级相当的大流动性芯柱混凝土灌实，其计算图形如图 6-5。

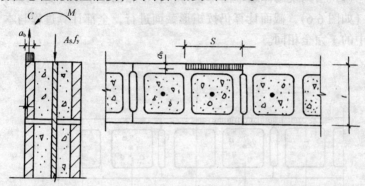

图 6-5 墙平面外受弯

图中钢筋的最大抗拉承载力为 $A_s f_y$，砌块砌体的最大抗压承载力为 $f_f a_b S$，当两者处于平衡状态时是相等的，即

$$f_f a_b S = A_s f_y \tag{6-21}$$

全灌孔配筋砌块砌体墙平面外的抗弯承载力可用下式求出：

$$M = f_f a_b S \left(h_0 - \frac{a_b}{2} \right) \text{和} \tag{6-22}$$

$$M = A_s f_y \left(h_0 - \frac{a_b}{2} \right) \tag{6-23}$$

在已知砌块砌体的抗弯压强度设计值、墙截面配筋的有效高度和钢筋的抗拉强度设计值以后，便可以用公式（6-22）或（6-23）求出墙平面外的抗弯承载力。前者是砌块砌体抗弯压控制时的抗弯承载力，后者是钢筋抗拉控制时的抗弯承载力。一般都希望是后者控制,此时墙有较好的延性。

配筋砌块砌体墙的配筋通常是配在墙中,照顾弯矩的双向作用。有时配筋也靠一侧布置,可取得更大的 h_0,从而得到更大的弯矩。

2.部分灌芯柱的配筋砌块砌体墙

计算分两种情况进行:

(1)当砌块砌体墙平面外受弯,且中和轴位于砌块侧壁以内时(如图6-6),截面计算仍按矩形截面进行,全部计算过程与本节中的1完全相同。

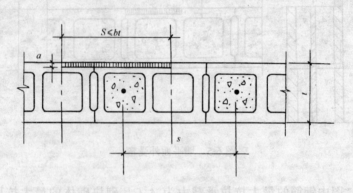

图6-6 中和轴位于侧壁内

(2)当砌块砌体墙平面外受弯,且中和轴位于砌块的横肋部位时,截面计算应按T形截面进行。这种计算比较繁琐,设计时应尽量避免。实际工作中,由于我们整体设计思想是要避免出现脆性破坏,给配筋砌块砌体结构以良好的延性,已经限制了砌块砌体结构的配筋率,这也就保证了在绝大多数情况下,构件平面外受弯时的中和轴是处于砌块侧壁之内的。

(五)配筋砌块砌体构件偏心受压构件承载力计算

配筋砌块砌体偏心受压承载力可按截面处于平衡状态时的公式进行计算,如图6-7。

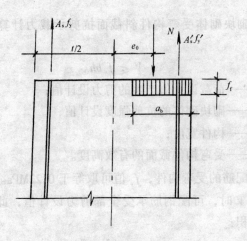

图 6-7 偏心受压计算

$$N \leq 0.8f_f a_b b + f'_y A'_s - f_y A_s \quad (6-24)$$

和

$$M = N \cdot e \leq 0.8f_f a_b b \left(h_0 - \frac{a_b}{2}\right) + f'_y A'_s (h_0 - a') \quad (6-25)$$

或者

$$M = N \cdot e' \leq 0.8f_f a_b b \left(\frac{a_b}{2} - a'\right) + A_s f_y (h_0 - a') \quad (6-26)$$

式中 N——荷载设计值产生的偏心轴压力；

e——偏心轴压力 N 距受拉钢筋形心的距离；

e'——偏心轴压力 N 距受压钢筋形心的距离。

当砌块砌体处于非平衡状态时，其承载力可按下式进行计算：

$$N = 0.8fab + f'_s A'_s - f_s A_s \quad (6-27)$$

$$M = N \cdot e \leq 0.8fab\left(h_0 - \frac{a}{2}\right) + f'_s A'_s (h'_0 - a') \quad (6-28)$$

（六）配筋砌块砌体抗剪承载力计算

1. 配筋砌块砌体受弯构件的抗剪承载力计算

配筋砌块砌体受弯构件斜截面抗剪承载力计算可按下式进行：

$$V \leqslant f_v b h_0 \tag{6-29}$$

式中　V——荷载设计值产生的剪力设计值；

　　　f_v——砌块砌体的抗剪强度设计值；

　　　b——构件宽度；

　　　h_0——受弯构件截面的有效高度。

对于配筋的受弯构件，f_v 值可取等于 0.22MPa。当计算所得结果小于 V 时，可配钢筋承受全部剪力设计值，此时的抗剪钢筋横截面积：

$$A_v = \frac{V \cdot S}{f_s h_0} \tag{6-30}$$

式中　S——抗剪钢筋间距；

　　　f_s——钢筋抗剪强度设计值。

2. 剪力墙抗剪承载力计算

配筋砌块砌体剪力墙的抗剪承载力可由两部分组成，由砌块砌体的抗剪承载力和钢筋的抗剪承载力组成：

$$V_v = V_m + V_s \tag{6-31}$$

式中　V_m——砌块砌体的抗剪承载力；

　　　V_s——配筋的抗剪承载力。

砌块砌体的抗剪承载力由下式确定：

$$V_m = 0.05 A_{mv} \sqrt{f_m} [4.0 - 1.75\lambda] + 0.20N \tag{6-32}$$

式中　A_{mv}——砌块砌体墙毛截面；

　　　f_m——砌块砌体抗压强度设计值；

　　　λ——剪力墙的剪跨比，$\lambda = \dfrac{M}{Vh_0}$；

　　　M——计算截面弯矩设计值；

　　　V——计算截面剪力设计值；

　　　N——计算截面轴压力设计值；

h_0——剪力墙计算截面的有效高度。

配筋砌块砌体墙中所配钢筋的抗剪承载力由下式确定:

$$V_s = 0.5\left(\frac{A_v}{S}\right)f_y h_0 \tag{6-33}$$

式中 A_v——抗剪钢筋的横截面积;

S——抗剪钢筋的间距。

同时,配筋砌块砌体墙的总承载力不得超过以下规定:

当 $\lambda \leqslant 0.25$ 时

$$V_v \leqslant 0.13 A_{mv}\sqrt{f_m}, 且应小于 0.34 A_{mv} \tag{6-34}$$

当 $\lambda \geqslant 1.0$ 时

$$V_v \leqslant 0.09 A_{mv}\sqrt{f_m}, 且应小于 0.22 A_{mv} \tag{6-35}$$

当 λ 介于 0.25 与 1.0 之间时,可用插入法求值。

(七) 配筋砌块砌体构件局部受压承载力计算

配筋砌块砌体结构局部受压的强度可以在原砌块砌体抗压强度设计值上提高两次,一次是由于灌芯柱混凝土的提高,另一次是由于局部受压的提高。配筋砌块砌体的承载力计算时,还应考虑配筋的承载力。

当在局部受压的压力影响范围内的砌块孔全部用不低于 1.2 倍至 1.4 倍砌体强度的混凝土灌实时,其截面抗压强度设计值可比未灌实砌体的抗压强度设计值提高 φ_1 倍,φ_1 用下式计算:

$$\varphi_1 = \frac{0.8}{1-\delta} \leqslant 1.5 \tag{6-36}$$

式中 δ——砌块空心率;

砌块砌体局部抗压强度提高系数 γ,可按第五章式 5-27 进行计算:

$$\gamma = 1 + 0.35\sqrt{\frac{A_0}{A_l} - 1}$$

式中 A_l——局部受压面积;

A_0——影响砌块砌体抗压强度的计算面积;

其值应按表 6-12 中的图确定，计算所得的最大值也得符合表的要求：

A_0 与 γ 的最大值　　　　　　　　　　　表 6-12

示　意　图	A_0	γ_{max}
	$h(a+c+h)$	$\leqslant 2.5$
	$h(b+2h)$	$\leqslant 2.0$
	$(a+h)h+(b+h_1-h)h_1$	$\leqslant 1.5$
	$(a+h)h$	$\leqslant 1.25$

1. 灌芯柱砌块砌体均匀受压时承载力计算

灌芯柱砌块砌体均匀受压时，其承载力可按第五章式 5-26 计算：

$$N \leq \gamma \varphi_1 f_m A_1$$

式中　f_m——砌块砌体抗压强度设计值；

　　　A_1——局部受压面积；

　　　γ——砌块砌体局部受压提高系数；

　　　φ_1——砌块砌体孔内灌芯柱混凝土后强度提高系数。

当砌块砌体孔内配有钢筋时，其承载力还须计入钢筋的份额：

$$N \leq 0.8\gamma\varphi_1 f_m A_1 + A'_s f_y \qquad (6\text{-}37)$$

2. 梁底灌芯柱砌块砌体局部受压承载力计算

由于梁的变形，在端部对局部受压面积可能造成压应力不均匀，在计算中应考虑不均匀系数，计算公式见（5-28）。

$$N \leq \eta\gamma\varphi_1 f_m A_1 \text{ 或} \qquad (6\text{-}38)$$

$$\psi N_0 + N \leq \eta\gamma\varphi_1 f_m A_1 \qquad (6\text{-}39)$$

式中　N_0——上部荷载设计值在局部受压面积内产生的轴向力；$N_0 = \sigma_0 A_1$，σ_0 为上部荷载设计值产生的平均压应力；

　　　ψ——上部荷载折减系数，$\psi = 1.5 - 0.5\dfrac{A_0}{A_1}$，当 $A_0/A_1 \geq$ 3 时，$\psi = 0$，此时可不考虑上部荷载的影响。

3. 梁底反力在砌块砌体中的传播

由于砌块尺寸比粘土砖的要大，其反力的传播宽度受到限制（见图 6-8），当梁底设有垫块或圈梁等荷载分布构件，其传播宽度可根据分布构件的刚度确定（如图 6-9）。

（八）配筋砌块砌体结构构件变形计算

1. 配筋砌块砌体构件变形计算原理

首先应明确的问题是在计算配筋砌块砌体结构变形时，应使用荷载的标准值，包括垂直荷载和水平荷载。构件最大变形位置，按如下约定：悬臂构件发生在根部，受弯简支梁发生在跨

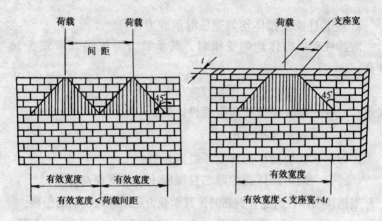

图 6-8　荷载传播有效宽度

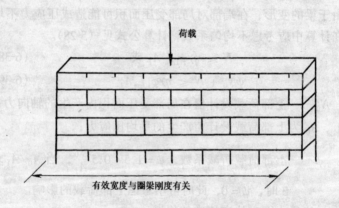

图 6-9　荷载传播有效宽度

中,垂直压弯构件发生在跨中。当垂直压弯构件的高厚比大于30时,还应考虑由于变形而产生的附加弯矩。

图 6-10 表示的是受弯构件或压弯构件,在荷载作用下的变形演变过程。

从图 6-10 中可以清楚看出,在构件所受的荷载未能使截面产生裂缝前,计算构件变形时,应采用构件的毛截面积惯性矩

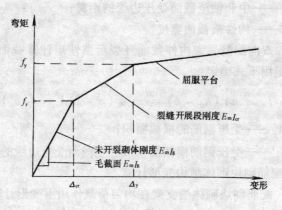

图 6-10 变形历程

I_g;当作用在构件上的荷载超过裂缝荷载时,构件的变形计算就应该采用开裂的截面惯性矩 I_{cr}。

2. 构件变形计算中的截面特征值

截面未开裂前,毛截面惯性矩的计算比较简单。矩形截面惯性矩 $I_g = \frac{bh^3}{12}$;对于 T 形截面和十形截面壁柱墙来讲,它们的惯性矩也可以从很多参考资料上查到。但是,对于开裂后的截面而言,计算开裂后截面的惯性矩就有点难度,它与构件尺寸有关,与构件开展深度有关,与构件的配筋率有关,与构件是单向配筋还是双向配筋有关,还与外力作用大小和相应比例有关,与中和轴位置有关等。

(1) 单向配筋受弯构件截面开裂后惯性矩计算

构件截面开裂后,其惯性矩可用下式确定:

$$I_{cr} = nA_s(h_0 - c)^2 + \frac{bc^3}{3} \tag{6-40}$$

式中 n——钢筋弹性模量与砌块砌体弹性模量的比值;

A_s——受拉钢筋的横截面积;

h_0——受拉钢筋的有效计算高度;

c——中和轴至截面受压边缘的距离；

b——构件横截面宽度。

(2) 双向配筋受弯构件截面开裂后惯性矩计算截面开裂后，其惯性矩用下式确定：

$$I_{cr} = nA_s(h_0 - c) + \frac{bc^3}{3} + (n-1)A_s'(c - a') \quad (6-41)$$

式中 A_s'——受压钢筋的横截面积；

a'——受压钢筋横截面积形心至截面受压边缘的距离。

3. 配筋砌块砌体结构变形计算

(1) 配筋砌块砌体简支梁在均匀荷载作用下变形计算：

1) 当使用荷载标准值在梁跨中产生的弯矩 M_s 小于构件抗弯时的抗裂承载力 M_{cr} 时，梁跨中的最大变形 Δ_{max} 用下式计算：

$$\Delta_{max} = \frac{5M_s l^2}{48 E_m I_g} \quad (6-42)$$

上式成立的条件是 $M_s \leqslant M_{cr}$。上式中的 l 为简支梁的计算跨度。当简支梁为垂直墙受平均风压作用时，l 为层高。

2) 当使用荷载标准值在梁跨中产生的弯矩 M_s 大于构件抗弯时的抗裂承载力 M_{cr} 时，梁跨中的最大变形 Δ_{max} 用下式计算：

$$\Delta_{max} = \frac{5M_{cr} l^2}{48 E_m I_g} + \frac{5(M_s - M_{cr})l^2}{48 I_m I_{cr}} \quad (6-43)$$

上式成立的条件是 $M_s > M_{cr}$

$$M_{cr} = W \cdot f_r \quad (6-44)$$

式中 W——构件面积矩，其值等于 I_g/y，y 为受拉边缘至中和轴的距离；

f_r——砌块砌体抗弯抗裂强度标准值。

对于部分灌孔的砌块砌体：

$$f_r = 0.104\sqrt{f_m} \quad \text{最大值为 } 0.27 \text{MPa}; \quad (6-45)$$

对于全部灌实的砌块砌体：

$$f_r = 0.166\sqrt{f_m} \quad \text{最大值为 } 0.44 \text{MPa}。 \quad (6-46)$$

(2) 两端简支垂直构件的变形计算：

1) 当使用荷载产生的组合弯矩 M_s 小于构件抗弯时的抗裂承载力 M_{cr} 时，其跨中最大变形可近似地按下式计算：

$$\Delta_{max} = \frac{(5M_{s1} + 3M_{s2})h^2}{48E_m I_g} \tag{6-47}$$

式中
$$M_{s1} = \frac{1}{8}wh^2, \quad M_{s2} = p \cdot e \tag{6-48}$$

上式成立的条件是 $M_s = M_{s1} + M_{s2} = \frac{1}{8}wh^2 + p \cdot e \leqslant M_{cr}$。

式中 w——作用在构件上的均布荷载标准值；
p——作用在构件上的偏心荷载标准值；
e——荷载 p 的偏心距。

当垂直构件较柔时，在计算中尚应考虑 $p-\Delta$ 效应，此时的 M_s 为：

$$M_s = \frac{wh^2}{8} + p(\Delta + e) + p_g\left(\frac{\Delta}{z}\right) \tag{6-49}$$

式中 Δ——垂直构件在水平均布荷载和垂直集中荷载标准值作用下产生的变形值；
p_g——垂直构件自重。

2) 当使用荷载标准值产生的组合弯矩 M_s 大于构件抗弯时的抗裂承载力时，其跨中最大变形可近似按下式计算：

$$\Delta_{max} = \frac{5M_{cr}h^2}{48E_m I_g} + \frac{5\left(M_{s1} + \frac{3}{5}M_{s2} - M_{cr}\right)h^2}{48E_m I_{cr}} \tag{6-50}$$

3) 其他受力构件的变形计算：

其他受力构件，如悬臂构件，一端简支一端嵌固构件，两端均为嵌固构件等在集中荷载、均布荷载或其他荷载作用下的变形，本节不再一一例举，其计算原理是相同的。水平构件受垂直地震作用和垂直构件受水平地震作用的计算，设计时也应考虑。

4. 荷载长期作用对变形的影响

以上所讨论和计算的各种构件的变形均为短期荷载作用下产

生的变形。当考虑砌块砌体构件的干缩、徐变等因素的长期效应时，构件的变形将会增大，此时我们采用乘增大系数的办法来解决。

(1) 构件为单向配筋时，其增大系数按以下规定采用：
1) 当考虑荷载的长期作用时，$\lambda = 2.0$；
2) 当考虑荷载的作用期为1年时，$\lambda = 1.4$；
3) 当考虑荷载的作用期为6个月时，$\lambda = 1.2$；
4) 当考虑荷载的作用期小于6个月时，$\lambda = 1.0$。

(2) 构件为双向配筋时，由于构件的干缩和徐变受到更大更多的制约，其增大系数会有一定程度的减小，而且与受压钢筋的配筋率有较大关系，此时的变形增大系数可按下列规定采用：

1) 当考虑荷载的长期作用时，$\lambda = \dfrac{2}{1+50\rho'}$

2) 当考虑荷载的作用期为1年时，$\lambda = \dfrac{1.4}{1+50\rho'}$

3) 当考虑荷载的作用期为6个月时，$\lambda = \dfrac{1.2}{1+50\rho'}$

4) 当考虑荷载的作用期小于6个月时，$\lambda = \dfrac{1.0}{1+50\rho'}$。

式中 ρ' 为受压钢筋的配筋率，$\rho' = \dfrac{A_s'}{b(h-a')}$

第三节 配筋砌块砌体构造要求

一、一般构造要求

(一) 钢筋规格

配筋砌块砌体构件中使用的钢筋最大直径应小于砌块厚度的1/8；设在砌块孔内和圈梁内的钢筋直径，不应大于其最小净尺寸的一半；设在灰缝内的钢筋直径不应超过6mm。

(二) 钢筋配置要求

墙内两平行钢筋之间的净距不应小于钢筋的直径，同时也不得不小于25mm（见图6-11）。

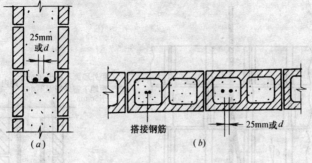

图6-11 钢筋间最小净距

柱和壁柱中竖向钢筋之间的净距不应小于钢筋直径的1.5倍，同时也不小于40mm（见图6-12）。

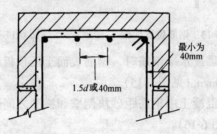

图6-12 柱钢筋间最小净距

在施工中钢筋应根据设计要求准确就位，避免削弱配筋砌块砌体的承载力。当钢筋偏离准确位置时，如在允许偏差范围内，可用1:6的坡度将钢筋纠正至正确位置（见图6-13）。

（三）钢筋保护层

钢筋保护层厚度应不小于下列规定：

(1) 钢筋距内墙的保护层应不小于36mm。

(2) 钢筋距外墙的保护层应不小于46mm。

(3) 地面以下的配筋砌块砌体，当墙面与土接触时，钢筋的

225

保护层应不小于56mm。以上规定见图6-14。

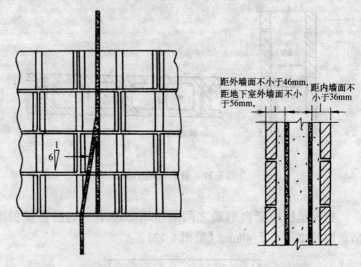

图6-13 钢筋位置纠偏　　图6-14 钢筋保护层

（4）女儿墙配水平钢筋时，钢筋表面至压顶板底面之间的净距应不小于20mm（见图6-15）。

（5）芯柱混凝土中钢筋距砂块侧壁和横肋之间的净距应不小于13mm（见图6-16）。

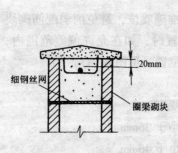

图6-15 女儿墙配筋保护层

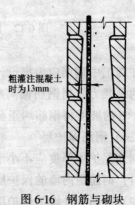

图6-16 钢筋与砌块之间的净距

（四）钢筋锚固

钢筋的锚固长度是保证钢筋与砌块砌体共同工作的重要构造措施，也是充分发挥钢筋设计强度的重要保证。

当充分利用钢筋的抗拉强度时，钢筋的锚固长度见表6-13。

受拉钢筋基本锚固长度 l_a 表6-13

钢筋种类	混凝土强度等级			
	C15	C20	C25	≥C30
Ⅰ级钢	$40d$	$30d$	$25d$	$20d$
Ⅱ级钢	$50d$	$40d$	$35d$	$30d$

当螺纹钢筋的直径≤25mm时，其锚固长度应按表中值减少 $5d$ 采用。

（五）钢筋接头

(1) 当受力钢筋直径 $d>22$mm时，不宜采用非焊接接头，但对于轴心受压和偏心受压构件，可以采用非焊接接头，接头位置易在受力较小处。

(2) 非焊接的受拉钢筋的搭接长度不应小于 $1.2l_a$。非焊接的受压钢筋的搭接长度不应小于 $0.85l_a$，也不应小于200mm。

(3) 钢筋的非接触搭接。两者之间的最远距离不得超过1/5搭接长度，也不得大于200mm。

（六）标准弯钩

有180°、90°和135°的三种弯钩。

二、配筋砌块砌体墙的构造要求

（一）配筋砌块砌体墙的最小厚度

配筋砌块砌体墙的最小厚度，可根据建筑物的层数和高度，分别采用190mm，240mm和290mm，有时还可以采用组合墙和空腔墙等。通常情况墙的高厚比应不大于25，当砌体墙采用高强度等级砌块和砂浆，错孔施工并全灌孔时，墙的高厚比可放大到27。

（二）丁字墙的砌筑要求

丁字墙的施工方法有两种，均能满足传递剪力的要求：

1. 咬砌法

丁字墙必须采用错缝对孔施工方法,并保证有50%砌块相拉结。

2. 通缝砌筑法

两片墙互相独立错缝对孔砌筑。为保证丁字墙之间的剪力传递,可用以下三种方法实现:

(1) 在两片墙之间用铁件拉接,铁件的最小规格为760mm×30mm×6mm(长×宽×厚),且每端有一个弯90°长80mm的弯板,铁件形状可为⌐,也可为—,铁件设置数量按计算,但沿墙高最大间距不得超过1200mm。

(2) 在两片墙之间按传力情况设圈梁拉结,圈梁内配 2⌀12 钢筋,并锚固在每侧墙内,圈梁沿高的最大间距不得超过 1200mm。

(3) 一片墙在端头采用 A 型砌块,另一片墙的砌块锯掉140mm 侧壁,配筋后用芯柱混凝土浇死。

(三)配筋砌块砌体墙的最小配筋率

垂直和水平两个方向总配筋率不得小于 0.2%,每个方向的最小配筋率不得小于 0.07%。

三、配筋砌块砌体柱、壁柱的构造要求

(一)配筋砌块砌体柱的最小尺寸

通常情况下配筋砌块砌体柱的最小尺寸应不小于 290mm。柱的有效高与其最小边长之比不得大于 25。

(二)配筋砌块砌体柱的竖向配筋

配筋砌块砌体柱的竖向最小配筋率为 0.25%,最大配筋率为 4%。柱内配筋不得小于 4⌀12。

(三)配筋砌块砌体柱的横向配筋(箍筋)

箍筋直径一般不得小于 $\phi6$。箍筋间距一般取 200mm;箍筋一般均设在芯柱混凝土内;同时在灰缝内也设 $\phi6@600$ 的箍筋。

四、墙和柱配筋示意

墙和柱配筋示意见图 5-17 至图 6-27。

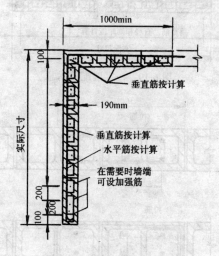

图 6-17 转角墙配筋示意

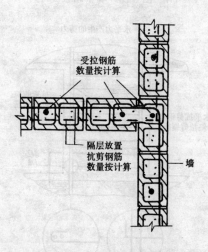

图 6-18 丁字墙配筋示意

图 6-19 一字墙配筋示意

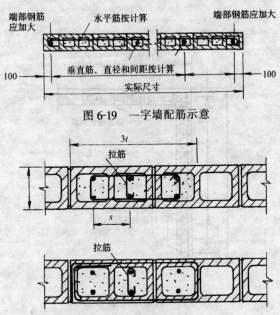

图 6-20 墙中暗柱

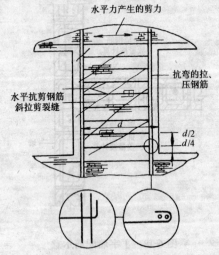

图 6-21 墙段配筋示意

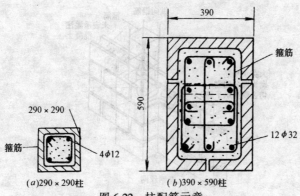

图 6-22 柱配筋示意

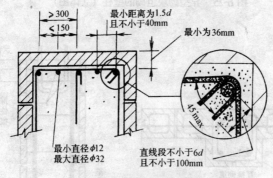

图 6-23 箍筋位置与弯钩

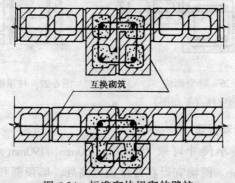

图 6-24 标准砌块组砌的壁柱

231

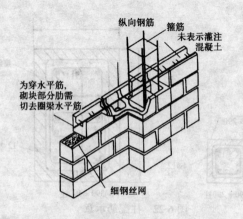

图 6-25 异型砌块组砌的壁柱（立体图）

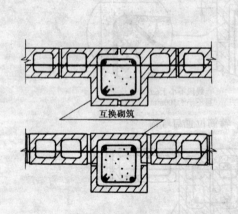

图 6-26 异型砌块
组砌的壁柱（平面图）

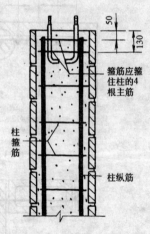

图 6-27 柱顶锚栓的箍筋

五、圈梁和过梁

圈梁的最小尺寸可取 150mm × 200mm，190mm × 200mm 和 240mm × 200mm。圈梁宜设在楼屋盖标高处，墙顶部和基础顶面。圈梁沿纵横墙最好设在一个标高上，并设计成连续封闭式的，钢筋也应连续通过。当两个圈梁不能设在同一标高时，应有搭接，满足抗拉钢筋的锚固长度。圈梁在楼屋盖处应尽量作到与楼屋盖一起浇成，内配4φ10钢筋，箍筋宜不小于φ6@250mm。其他部位的圈梁宜用圈梁块或过梁块组砌成，内配2φ10或2φ12钢筋，此时可不设箍筋。当圈梁兼作过梁用时，其配筋应由计算确定，过梁的高度根据跨度和荷载大小确定，可取200mm，也可取400mm、600mm等。过梁的支承长度不得小于200mm，过梁的纵向钢筋应锚固芯柱混凝土内，具体做法见图6-28。

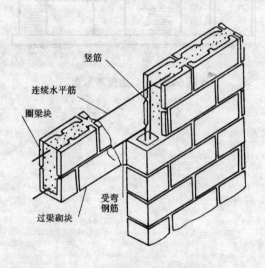

图6-28 过梁和圈梁示意

过梁的箍筋由计算确定，但不得小于φ6@250mm，当过梁很小，用单筋就能满足要求时，也可以不配箍筋。

六、门窗洞口配筋

当配筋砌块砌体墙中开有洞口，且洞口尺寸≥800mm时，在洞口的各边均应配不小于1φ12的钢筋，钢筋伸过洞边不少于600mm，这种钢筋不能作为计算配筋砌块砌体墙最小配筋率用。

只有当这些钢筋(水平的和垂直的)沿墙通长设置时,才可算入墙体的钢筋含钢率内,洞口配筋见图 6-29。

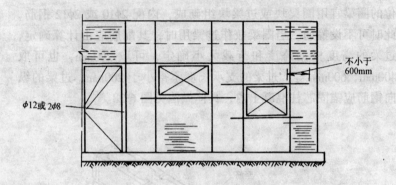

图 6-29　洞口边配筋示意

第七章 配筋小砌块建筑抗震设计

第一节 抗震设计的一般要求

一、设计范围和依据

建筑结构的抗震设计，按建筑物的重要性可分为甲、乙、丙、丁四类：

甲类建筑是指特别重要的建筑物，在地震中如遭受破坏会造成严重后果。甲类建筑的抗震设计应按国家规定进行申报，经批准后执行。对甲类建筑的地震作用计算应采用批准的地震动参数。

乙类建筑是指重要的建筑物，如城市生命线工程的建筑物和地震时救灾需要的建筑物等。乙类建筑物的抗震设计由城市抗震防灾规划部门或有关部门批准执行。对乙类建筑物，当设防烈度为6度，建筑场地为Ⅰ、Ⅱ、Ⅲ类时，可不必进行抗震计算，只按构造要求设防即可。建在Ⅳ类场地上的较高的建筑物及7度至9度地震设防的建筑物应按本地区设防烈度计算。

丙类建筑是指甲、乙、丁类建筑以外的，一般的工业与民用建筑。丙类建筑的计算和设防原则同乙类。

丁类建筑是指次要的建筑，在地震破坏时不会造成人员伤亡和较大经济损失的建筑物。丁类建筑的计算和设防不在本手册讨论的范围内。

配筋混凝土小型空心砌块建筑的最大适用高度和层数见表6-1，最大高宽比见表6-2，抗震等级见表7-1。

配筋小砌块建筑结构的抗震等级　　　　表 7-1

烈　　度	6度		7度		8度		9度
高度（m）	≤40	>40	≤40	>40	≤40	>40	≤30
抗震等级	四	三	三	二	二	一	一

注：接近或等于高度分界时，应结合建筑物的规则程度和场地条件适当选定。

二、抗震设计表达式

抗震设计的一般表达式为：

$$S \leqslant 1/\gamma_{RE} R \qquad (7-1)$$

式中　γ_{RE}——结构构件承载力抗震调整系数，见表 7-2；

S——结构构件内力组合的设计值，包括组合的弯矩、轴向力和剪力设计值；

R——结构构件承载力设计值。

结构构件承载力抗震调整系数　　　　表 7-2

结构构件类别	正截面承载力计算			斜截面承载力计算	局部承压部位的计算
	梁	柱	剪力墙	各类构件	
γ_{RE}	0.75	0.8	0.85	0.85	1.0

注：轴压比小于 0.10 的偏心受压柱，其 $\gamma_{RE}=0.75$，偏心受拉构件的 $\gamma_{RE}=0.85$。

三、有关系数和设计值的确定

抗震设计时荷载分项系数和荷载组合系数以及内力组合设计值的表达式。

抗震设计时，各类结构构件内力组合设计值为：

$$S = \gamma_G C_G G_E + \gamma_{Eh} C_{Eh} F_{Ek} + \gamma_{Ev} C_{Ev} F_{Evk} + \psi_W \gamma_W C_W W_K \quad (7-2)$$

式中　　　　　　　S——结构构件内力组合的设计值；

C_G、C_{Eh}、C_{Ev}、C_W——分别为重力荷载、水平地震作用、竖向地震作用和风荷载的效应系数；

G_E、F_{EK}、F_{Evk}、W_K——分别为重力荷载代表值、水平地震作用标准值、坚向地震作用标准值、风荷载标准值;

γ_G、γ_{Eh}、γ_{Ev}、γ_W——为相应荷载和作用的分项系数;

ψ_W——为风荷载的组合系数。

抗震设计时,各类荷载和作用的分项系数按下列规定采用:

(1) 进行结构构件承载力计算时,各类荷载和作用的分项系数可按表7-3采用。

(2) 进行位移和变形、开裂计算时,全部分项系数均取1.0。

(3) 抗震设计时,风荷载的组合系数 ψ_W,一般多层建筑可不考虑,高层建筑可取0.2。

荷载和作用的分项系数　　　　表7-3

组合项	分项系数				说　明
	γ_G	γ_{Eh}	γ_{Ev}	γ_W	
1. 重力荷载及水平地震作用	1.20	1.30	—	—	
2. 重力荷载及竖向地震作用	1.20	—	1.30	—	建筑物9度抗震时考虑;水平长悬臂结构,8度、9度时考虑
3. 重力荷载及水平竖向地震作用	1.20	1.30	0.50	—	建筑物9度抗震时考虑;水平长悬臂结构,8度、9度时考虑
4. 重力荷载水平地震作用及风荷载	1.20	1.30	—	1.40	55m以上高层建筑考虑
5. 重力荷载、水平和竖向地震作用及风荷载	1.20	1.30	0.50	1.0	9度高层建筑和8度、9度大悬臂、大跨度结构考虑

四、结构设计的总体要求

近年来由于我国在建筑设计方面，认真地贯彻执行了百家争鸣和百花齐放的方针，在我国各大中城市，已经出现了很多造型优美的建筑物，也给结构设计带来了一定的困难。在建筑结构工程设计中，除尽量满足建筑设计要求外，还应在结构的平面和立面设计上尽量做到规则和对称，建筑的质量和刚度沿高度也应尽量做到均匀、无突变和错层。

1. 规则的配筋砌块砌体结构

规则的配筋砌块砌体结构应符合以下 4 项要求：

（1）建筑物平面突出部分的长度应不大于其宽度，且不大于该方向总长度的 30%。

（2）建筑物立面收进尺寸，不应大于该方向总尺寸的 25%。

（3）楼层刚度不小于相邻上下层刚度的 70%，且连续三层的总刚度降不超过 50%。

（4）建筑物平面内质量分布和抗震墙的布置应基本上均匀对称。

当剪力墙的宽度较大时，可结合门窗洞口、施工洞口将其分成较均匀的墙段。剪力墙中如有较大的洞口，宜将其上下对齐，使其受力尽量均匀。

2. 不规则的配筋砌块砌体结构

不规则的配筋砌块砌体结构可分为平面不规则和竖向不规则两类：

（1）平面不规则的配筋砌块砌体结构有 5 种：

1）抗扭不规则结构。抗扭不规则结构的必要条件是楼屋盖必须是刚性的。当楼层水平结构的一端对某轴产生的最大侧移（计算侧移时应包括偶然扭转因素在内），比楼层水平结构两端平均侧移大 1.2 倍时，就可认为该结构为抗扭转不规则结构。

2）凹角不规则结构。当结构的平面或抗侧力结构系统包含有凹角，且凹角外结构的投影尺寸比凹角处结构的投影尺寸大

15%时，就称为凹角不规则结构。

3) 楼屋盖突变不规则结构。当楼屋盖平面尺寸有变化或者刚度有变化，包括楼屋盖被切断或开洞引起的刚度变化，如其变化后的刚度小于变化前刚度的50%时；或者楼屋盖有效刚度的变化大于下一层楼盖刚度的50%时，称为楼屋盖突变不规则结构。

4) 平面外分肢不规则结构。当侧向力传递途径发生突变时，如竖向构件出现分肢就属此类。

5) 非平行体系不规则结构。当竖向抗侧力结构之间互相不平行或者与主轴抗侧力结构体系不对称布置时就属此类。

(2) 竖向不规则配筋砌块砌体结构也有5种：

1) 竖向刚度不规则结构，或称具有柔性层的结构。当某一层楼层结构刚度小于上部结构刚度的70%，或者小于上部三层结构平均刚度的80%时，该层即可被认为是柔性层。

2) 质量不规则结构。当某一层的有效质量大于相邻层有效质量的150%时，即可被认为是质量不规则结构。一般建筑物的顶层质量均比较轻，屋面层可以不算作质量不规则层。

3) 竖向几何不规则结构。当某一层抗侧力结构的水平尺寸大于相邻层结构水平尺寸的130%时，即可称该结构为几何不规则结构。

4) 竖向抗侧力结构沿高度出现尺寸或形状突变不规则结构。竖向抗侧力结构构件在平面内出现分肢，且分肢尺寸又大于构件本身的尺寸。

5) 楼层承载力突变结构。当某一层结构的承载力小于相邻上层结构承载力的80%时，该层就属于柔性层。楼层承载力是指某层在某方向上承受楼层剪力的全部抗侧力结构构件承载力的总和。

3. 楼屋盖刚度

在配筋砌块砌体建筑结构的抗震设计中，楼屋盖的刚度是个很重要的问题，它决定着地震作用在剪力墙之间的分配原则。一般都将楼屋盖作成现浇的或装配整体式钢筋混凝土的，并要保证楼屋盖与抗震墙之间有可靠的连接。

当抗震墙之间的距离与楼屋盖宽度之比不超过表 7-4 中的数值时，即可认为楼屋盖是刚性的，可将水平荷载（作用）按剪力墙的刚度进行分配。如果比值超过表中数值时则应考虑楼屋盖变形产生的影响。

抗震墙间距与楼屋盖宽度比　　　　　　　　表 7-4

楼屋盖类别	地震烈度		
	6度、7度	8度	9度
现浇或装配整体式楼屋盖	3	3	2
框支现浇楼盖	2.5	2	不宜采用

五、竖向构件的刚度计算

竖向构件在单位外力作用下，在力作用的方向上会产生变形 Δ，竖向构件的刚度为 R，其值等于 $1/\Delta$。构件变形主要与构件的尺寸有关，有时还与构件两端的约束有关。

（一）以剪切变形为主的竖向构件的变形

以剪切变形为主的构件的变形表达式为：

$$\Delta_s = \frac{1.2H}{AG} \tag{7-3}$$

式中　H——构件高度；
　　　A——构件的毛截面积；
　　　G——砌体的剪切模量。

剪切变形与构件约束无关。构件的刚度为：

$$R_s = \frac{1}{\Delta_s} = \frac{AG}{1.2H} \tag{7-4}$$

（二）以剪切变形和弯曲变形共为主的竖向构件的变形

以剪切变形和弯曲变形共为主的竖向构件，其变形表达式分两种情况：

（1）当竖向构件的两端均为嵌固约束时：

$$\Delta = \frac{H^3}{12E_m I} + \frac{1.2H}{AG} \tag{7-5}$$

式中 E_m——砌块砌体的弹性模量；

I——砌块砌体的惯性矩；

构件的刚度为：

$$R = \frac{1}{\dfrac{H^3}{12E_m I} + \dfrac{1.2H}{AG}} \tag{7-6}$$

（2）当竖向构件为悬臂结构时，即一端无约束，一端嵌固时，其变形表达式为：

$$\Delta = \frac{H^3}{3E_m I} + \frac{1.2H}{AG} \tag{7-7}$$

构件的刚度为：

$$R = \frac{1}{\Delta} = \frac{1}{\dfrac{H^3}{3E_m I} + \dfrac{1.2H}{AG}} \tag{7-8}$$

（三）以弯曲变形为主的竖向构件的变形

以弯曲变形为主的竖向构件，其变形表达式同样分为两种情况：

（1）当构件两端均为嵌固约束时，其变形表达式为：

$$\Delta = \frac{H^3}{12E_m I} \tag{7-9}$$

构件的刚度为：

$$R = \frac{12E_m I}{H^3} \tag{7-10}$$

（2）当构件的一端为自由端，另一端为嵌固端时，其变形表达式为：

$$\Delta = \frac{H^3}{3E_m I} \tag{7-11}$$

构件刚度为：

$$R = \frac{3E_m I}{H^3} \tag{7-12}$$

(四) 门窗洞口对剪力墙刚度的影响

计算带洞剪力墙的变形和刚度的方法很多，现介绍一种简便的方法，供读者选用。计算时可按下列步骤进行，如图 7-1 和图 7-2。

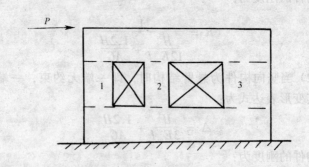

图 7-1　开洞剪力墙

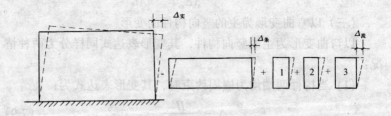

图 7-2　开洞剪力墙变形求法

1. 首先计算出实面墙（无洞）的毛变形

计算时不考虑洞口的存在。根据剪力墙的实有尺寸和支座约束情况，利用公式（7-3）至公式（7-11）中的有关公式计算出无洞剪力墙的变形。本步计算出的变形为 $\Delta_{实}$。

2. 计算出洞高范围内横条的变形

该横条的长度等于墙宽，其高度等于最高洞口的高度，并假定该横条的两端均为嵌固约束。横条变形求出后要从实面墙毛变形中减去。

本步计算出的变形为 $\Delta_\text{条}$。

3. 计算各墙段的变形

假定各墙段两端为嵌固约束。在求出各墙段的变形后，按变形相等的原则求各墙段的刚度，再根据各墙段的总刚度求墙段变形的最后值：

$$\Delta_\text{墙段} = \frac{1}{1/\Delta_1 + 1/\Delta_2 + 1/\Delta_3} \tag{7-13}$$

式中 Δ_1、Δ_2、Δ_3——相应墙段的变形。

将 $\Delta_\text{墙段}$ 加在实面墙的毛变形上，即可求得带洞剪力墙的真实变形：

$$\Delta_\text{墙} = \Delta_\text{实} - \Delta_\text{条} + \Delta_\text{墙段} \tag{7-14}$$

带洞剪力墙的刚度等于：

$$R = \frac{1}{\Delta_\text{墙}} \tag{7-15}$$

当作用在带洞剪力墙上不是单位力而是水平力 F 时，则可按各墙段的刚度进行分配，其步骤为：

先求出各墙段的刚度：

$$\left.\begin{array}{l} R_1 = \dfrac{1}{\Delta_1} \\ R_2 = \dfrac{1}{\Delta_2} \\ R_3 = \dfrac{1}{\Delta_3} \end{array}\right\} \tag{7-16}$$

然后再按刚度分配水平力 F，各墙段分得的水平力为：

$$F_1 = \frac{R_1}{R_1 + R_2 + R_3} F \tag{7-17}$$

$$F_2 = \frac{R_2}{R_1 + R_2 + R_3} F \tag{7-18}$$

$$F_3 = \frac{R_3}{R_1 + R_2 + R_3} F \tag{7-19}$$

（五）翼缘墙刚度计算

在很多情况下剪力墙是带有翼缘的，如腹板墙与翼缘墙之间有可靠的连接，可以考虑翼缘的作用。当剪力墙为Ⅰ字形截面或T形截面时，其翼缘宽度可取 $6t + t' + 6t = 12t + t'$，式中 t 为翼缘墙厚度，t' 为腹板墙厚度；当剪力墙为 ⊐ 形或 ⌐ 形截面时，翼缘宽度可取 $6t + t'$。

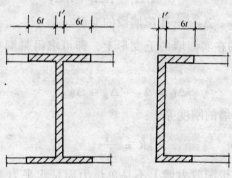

图 7-3　翼缘宽度

（六）多层建筑剪力墙刚度计算

多层建筑在水平荷载（作用）的作用下，一般都是以剪力变形为主，如图 7-4 所示。因此，在计算多层建筑剪力墙的刚度时，应使用公式（7-3）或（7-5），即墙两端为嵌固形的计算模型。

（七）中高层建筑剪力墙的刚度计算

中高层建筑在水平荷载（作用）的作用下，可以假定其变形是弯曲形的，如图 7-5 所示。此类建筑的变形计算，就可以用公式（7-11）来进行。但是，对于塔楼来讲，由于其宽度比较大，建筑物的高宽比仍在 1.5 以下，故此时的变形计算仍应按两端嵌固墙进行。

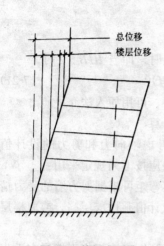
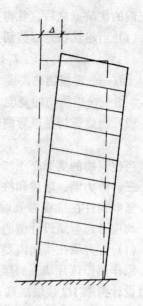

图 7-4 剪切变形墙　　　　图 7-5 弯曲变形墙

第二节　配筋砌块砌体结构的抗震计算

一、地震作用计算方法的选择

常用的地震作用计算方法有：基底剪力法，反应谱振型分解法和时程分析法三种。一般情况下配筋砌块砌体结构用不着用时程分析方法进行地震计算。多数情况用基底剪力法进行分析即可。具体计算方法及是否要考虑竖向地震作用和扭转效应的影响等均按国家现行规范进行。

二、建筑物自振周期的确定

自振周期是建筑物的一个非常重要的动力特性，它的取值大小直接影响着地震作用的大小，影响着建筑物的安全程度和材料用量，因此有很多资料介绍计算建筑物自振周期的经验公式，综合它们的优缺点之后，觉得按下列规定确定是比较符合实际的：

(1) 当建筑物是以剪切变形为主时，即当 $H/B \leqslant 1.5$ 时，

$$T_1 = 0.02(H)^{3/4} \qquad (7\text{-}20)$$

式中　H——建筑物总高度（m）；

B——建筑物的宽度（m）；

(2) 当建筑物是以弯曲变形为主时，即当 $H/B > 2$ 时，

$$T_1 = 0.05(H)^{3/4} \qquad (7\text{-}21)$$

当建筑物的变形介于二者之间时，可用插入法介决。

三、剪力墙、墙段和柱的弯矩计算

竖向构件在抗震验算时，除应考虑轴向力和剪力的设计值外，均应考虑弯矩设计值的影响，并应按下列规定采用：

(1) 剪力墙在平面内受力时，其弯矩可根据剪力墙的受力情况，取作用于该片墙上的楼层剪力设计值乘楼层层高，或取楼层剪力设计值乘 1/2 楼层层高；

(2) 剪力墙在平面外受力时，其弯矩应取相应于楼层在垂直方向抗震计算时所产生的弹性变形的 2.5 倍所需要的水平力设计值乘 1/2 层高；

(3) 墙段和柱的弯矩均取楼层剪力设计值乘 1/2 层高；

(4) 在计算建筑物加强区的弯矩时，可不采用按抗震等级加大的剪力设计值。

四、抗震设计中若干原则

（一）强柱弱梁原则

强柱弱梁的原则在配筋砌块砌体结构设计中也应认真贯彻，使得建筑物在地震时梁（水平构件）先于柱（垂直构件）发生破坏，吸收地震能量，避免建筑物失稳倒塌或局部某层压酥，造成重大伤亡或财产损失。图 7-6 表示的是一片开窗的配筋砌块砌体墙，在强震作用下的两种不同的破坏模式。图 7-6（a）是强梁弱柱，在地震作用下，窗间柱先于窗间梁发生破坏，此时很可能发生上下层楼板重叠在一起的现象，发生生命财产完全被楼板压死压坏的悲剧。这种设计是不成功的，也是应该尽量避免的。在

加强了窗间柱的抗剪抗弯能力以后,在强震中就会发生图 7-6 (b)的破坏。这种破坏是不可怕的,窗间柱没有破坏,就不会出现上述的那种破坏现象。这也是设计人员要力争达到的目标,所以,在设计中必须认真贯彻强柱弱梁的原则。

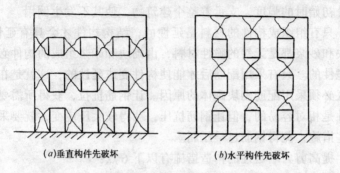

(a)垂直构件先破坏　　　　(b)水平构件先破坏

图 7-6　剪力墙破坏机制

(二) 强剪弱弯的原则

在设计中贯彻强剪弱弯的原则是为了保证剪力墙在强烈地震作用下能具有较好的延性,不致产生脆性破坏。为此要努力保证剪力墙的抗剪承载力永远超过可能达到的剪力设计值。这样就可以保证剪力墙内所配的抗弯钢筋先于抗剪能力出现屈服,发生塑性变形,改善剪力墙的延性。因此,并不是所有时间,在墙端或转角处、交叉处多配构造钢筋或增设暗柱(边缘构件)都是有利的,这样做的结果是不自觉的造成了强弯弱剪,减弱了墙的延性,可能造成剪力墙的剪切破坏,脆性破坏。

(三) 避免出现薄弱层

在结构设计中要尽量避免沿建筑物高度方向出现薄弱层。很多地震震害表明,地震破坏都发生在薄弱层。为达到这一目的,在设计中要尽量避免垂直构件的截面发生突变;避免传力不直接;避免构件之间的连接出现薄弱环节;也要尽量避免抗扭不规则结构的出现。

(四) 延性设计原则

延性是一个比值,是结构的破坏变形与屈服变形之比值。延性设计的目的是为了把严重的倒塌破坏降低到最低限度,给结构一个适度的抗侧力能力;这样,当大地震发生时,建筑物虽然被迫产生很大的变形,甚至远远超过弹性范围,但结构仍维持有大部分初始时的强度,支承着整个建筑物,使其不发生倒塌。

只有组织成构件的材料是延性的,结构构件才会具有延性。砌块和砂浆都是天然的脆性材料,由砌块和砂浆组成的构件必然是脆性的。只有采用配筋后才能使构件变成延性的,这就是在地震区必须采用配筋砌块砌体的原因。让钢筋抗拉,获得所需要的延性是相对容易的,但让钢筋抗压,获得较大压应变,就要采取一些措施,免得钢筋过早压屈。

提高剪力墙延性的构造措施有以下 6 点:

(1) 控制剪力墙的高宽比,使其大于 2。当剪力墙很宽时,可人为地在剪力墙中有规则的开洞(施工洞)或留缝;

(2) 在可能的情况下尽量采用联肢墙;

(3) 提高剪力墙底部加强区的抗剪能力,保证剪力墙的抗弯屈服出现在抗剪破坏之前;

(4) 正确地设边缘构件,适时地截断边缘构件;

(5) 均匀地分布剪力墙的抗弯钢筋;

(6) 注意砌体的抗压强度不要用的太高。

(五) 适度控制轴压力与弯矩的比例关系

配筋混凝土小型空心砌块砌体在轴压力和弯矩设计值的共同作用下,要想使其具有延性性能,两种效应的比例关系也是很重要的,要使两者均处于图 7-7 的阴影区。阴影区就是延性区。

图 7-7 中的第③点是平衡设计点,表示配筋砌块砌体剪力墙受拉受压同时达到屈服状态。只有配筋砌块砌体剪力墙的轴压力小于 $0.65P_b$ 时,剪力墙才能具有较好的延性,P_b 按下式求:

$$P_b = 0.85 f_m a_b b + \sum f'_s A'_s - \sum f_s A_s \qquad (7\text{-}22)$$

式中 f_m——砌块砌体抗压强度设计值;

a_b——砌块砌体受压区矩形压应力图的高度,$a_b =$

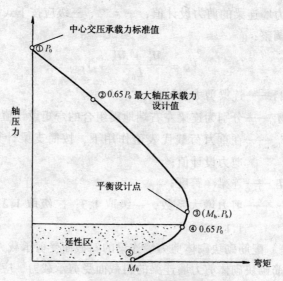

图 7-7 轴力和弯矩共同作用曲线图

$0.85C$；

　　C——截面受压边缘至中和轴的距离；

　　b——截面厚度；

　　$\sum f'_s A'_s$、$\sum f_s A_s$——受压、受拉钢筋的抗压、抗拉强度设计值与它们面积的乘积。

五、抗震设计计算要点

（一）剪力墙的加强区及其组合剪力设计值

加强区为剪力墙总高度的 1/8 和底部的 1～2 层。

底部加强区的截面组合剪力设计值按下列规定取值：

$$V = \eta_{vw} V_w \qquad (7\text{-}23)$$

式中　V——剪力墙底部加强区截面的剪力设计值；

　　V_w——剪力墙底部加强区截面的剪力计算值；

　　η_{vw}——剪力增大系数，一级取 1.5；二级取 1.4；三级取 1.1；四级取 1.0。

（二）剪力墙连梁的剪力设计值

剪力墙连梁的剪力设计值，一、二、三级应按下式调整，四级可不调整：

$$V_b = \frac{M_b^L + M_b^r}{L_n} + V_{Gb} \qquad (7-24)$$

式中 V_b——连梁剪力设计值；

M_b^L、M_b^r——分别为连梁左右端地震组合的弯矩设计值；

V_{Gb}——在重力荷载代表值作用下，按简支梁计算的截面剪力设计值；

L_n——连梁净跨度；

η_v——剪力增大系数，一级取1.3；二级取1.2；三级取1.1。

（三）配筋砌块砌体剪力墙连梁的斜截面受剪承载力

配筋砌块砌体剪力墙连梁的斜截面受剪承载力，应按下列公式验算：

$$V_b \leqslant \frac{1}{\gamma_{RE}}\left(0.05bh_0f_c + 0.8f_{yv}\frac{A_{sv}}{S}h_0\right) \qquad (7-25)$$

式中 V_b——连梁剪力设计值；

f_c——混凝土抗压强度设计值。

（四）偏心受压配筋砌块砌体剪力墙受剪承载力

偏心受压配筋砌块砌体剪力墙受剪承载力，应按下列公式验算：

$$V \leqslant \frac{1}{\lambda_{RE}}\left[\frac{1}{\lambda - 0.5}(0.04f_b b_w h_w + 0.1N) + 0.8f_{yh}\frac{A_{sh}}{S}h_0\right]$$

$$(7-26)$$

$$0.5V \leqslant \frac{1}{\gamma_{RE}}\left(0.8f_{yh}\frac{A_{sh}}{S}h_0\right) \qquad (7-27)$$

式中 f_b——灌芯柱砌体抗压强度设计值；

N——剪力墙轴压力设计值，取值不得大于 $0.2f_c b_w h_w$；

λ——计算截面处的剪跨比，$\lambda = M/Vh_w$；

A_{sh}——计算截面处的水平钢筋截面面积;
S——水平配筋间距;
f_{yh}——水平配筋抗拉强度设计值;
h_0——剪力墙截面有效高度。

第三节 抗震构造要求

一、楼屋盖

配筋混凝土小型空心砌块建筑的楼屋盖宜采用现浇的和装配整体式的钢筋混凝土楼屋盖,在各层楼屋盖处均应设现浇的钢筋混凝土圈梁,其截面高度,当为现浇钢筋混凝土楼屋盖时,宜取200mm,内配不小于 $4\phi10$ 的纵向钢筋,箍筋宜取 $\phi8@200$mm;当为装配整体式钢筋混凝土楼屋盖时,不宜小于120mm,内配不小于 $4\phi12$ 的纵向钢筋,箍筋宜取 $\phi8@200$mm。

圈梁与砌块砌体墙之间应有牢固的拉接,且地震设防烈度小于或等于7度时,每延米墙应设 $1\phi10$ 连接筋;当地震设防烈度大于7度时,每延米墙应设 $1\phi12$ 的连接筋。连接筋锚入楼板内或板缝内或迭合层内和芯柱内的长度不得小 $48d$,d 为连接筋直径。

装配或楼屋面板整体化的措施,有两种:

(1) 在预制板上作厚度不小于 40mm 的 C20 细石混凝土面层,内配 $\phi^b 4@150 \times 150$mm 钢筋网。预制板面上应有凹凸差不小于 4mm 的人工粗糙面;

(2) 在预制板之间每隔 3m 左右设一现浇混凝土带,板带宽度可根据排板情况确定,但最小不得小于 150mm,板带内钢筋面积按计算确定,亦不得小于 $2\underline{\Phi}12$,混凝土强度等级不低于C20。

二、配筋砌块砌体结构

(一) 配筋砌块砌体剪力墙

(1) 剪力墙的厚度不宜小于 190mm,高厚比不宜大于 25,

所采用的砌块的抗压强度等级不应低于 MU10,砌筑砂浆的强度等级不应低于 M7.5;同时砌块砌体的抗压强度设计值也不宜超过 7.0MPa。

(2) 配筋砌块砌体建筑的顶层墙、楼电梯间墙、端山墙、内外纵墙的端开间墙以及其他部位剪力墙的底部 1/8 高度范围内的剪力墙应按加强部位配置水平和竖向钢筋。

(3) 190mm 厚剪力墙的竖向配筋一般按单排配置,钢筋的最小直径为 $\phi12$,最大直径为 $\phi25$;钢筋的最大间距为 1000mm,顶层和底层的间距可适当放小;一般部位的最小配筋率不应小于 0.10%,加强部位不宜小于 0.13%。

(4) 水平配筋一般都采用圈梁和钢筋网片相结合进行。圈梁可用圈梁块组砌,内配 $2\phi12$ 通长筋,圈梁间距宜小于或等于 1200mm,同时在圈梁之间的砌体灰缝内配 $2\phi^b4$ 钢筋网片,间距 400mm 至 600mm,在顶层可适当减小。一般部位的最小配筋率为 0.10%,加强部位不宜小于 0.13%。

(5) 竖向和水平向钢筋的搭接长度不应小于 48 倍钢筋直径;钢筋的锚固长度不应小于 40 倍钢筋直径,钢筋端头应设标准弯钩。

(6) 配筋砌块砌体剪力墙,当其高宽比大于 2,且当其端部压应力大于 0.8 倍灌芯小砌块砌体的抗压强度设计值时,在墙端应设长度不小于 3 倍墙厚的边缘构件。边缘构件的最小配筋应符合表 7-5 的要求:

剪力墙边缘构件的配筋要求　　　　表 7-5

抗震等级	纵向钢筋最小量	箍筋最小直径	箍筋最大间距
一	3⌀16	$\phi8$	200
二	3⌀14	$\phi8$	200
三	3⌀14	$\phi8$	200
四	3⌀12	$\phi8$	200

(二)配筋砌块砌体墙段

(1) 墙段的最小厚度为190mm,最大厚度为390mm;墙段的高度一般不超过25倍墙厚;墙段的宽度一般不应小于3倍墙厚,也不应大于6倍墙厚;墙段的净高不应超过墙宽的5倍。砌块和砂浆的抗压强度等级同剪力墙。

(2) 墙段的纵向配筋率不宜小于0.15%,且在墙段端头各配一根钢筋。墙段一般都作对称配筋。

(3) 墙段只有在下列二种情况时才设横向钢筋:

1) 设计剪力超过非配筋砌体的抗剪承载力;

2) 墙端压应力超过0.8倍灌芯砌体的抗压强度设计值。

墙段横向最小配筋不应小于0.13%。横向钢筋在端头应设标准钩,勾住竖向筋。在交叉墙处可弯折90°,绕过竖筋弯入交叉墙内。

(三)配筋砌块砌体柱和壁柱

(1) 柱的最小尺寸应为390×390mm。当其计算压应力小于抗压强度设计值的1/2时,其边长可取等于290mm。柱的有效高度与其最小边长之比不应大于25。砌块的抗压强度等级不得低于MU15,砂浆的强度等级不得低于M10,芯柱混凝土强度等级不得低于C20。

(2) 柱的竖向配筋不得少于4根,其竖向最小配筋率宜按表7-6采用

(3) 柱的轴压比一般不宜大于0.8,在剪力墙较多时,可放宽至0.9。

柱的竖向最小配筋率(%) 表7-6

柱的类别	地 震 烈 度		
	7度	8度	9度
中柱、边柱	0.6	0.7	0.8
角柱	0.8	0.9	1.0

(4) 柱顶和柱底的箍筋加密区应取柱高的 1/6、450mm 和柱截面最小边长度三者的最大者。对于轴压力小于 $0.02fA$、以弯曲受力为主的柱,可不设箍筋加密区。

(5) 箍筋宜设在芯柱混凝土内,在端部应设不小于 135° 的标准弯钩,紧箍主筋,箍筋配置的具体要求见表 7-7。

箍 筋 设 置 要 求 表 7-7

柱 类 别		地 震 烈 度					
		7度		8度		9度	
		直径	间距	直径	间距	直径	间距
弯 曲 柱		$\phi 8$	200	$\phi 10$	200	$\phi 10$	200
压弯柱	加密区	$\phi 8$	100	$\phi 10$	100	$\phi 10$	100
	一般区	$\phi 8$	200	$\phi 10$	200	$\phi 10$	200

在砌块灰缝内也应配 $\phi 6@600mm$ 的箍筋。

(四) 配筋砌块砌体抗震墙的连梁

(1) 连梁的纵向钢筋面积由计算确定,纵筋锚入墙内的长度,一、二级时不应小于锚固长度加 5 倍钢筋直径,三、四级时不应小于锚固长度,且不应小于 600mm。

(2) 连梁的箍筋应沿梁全长设置,并应符合表 7-8 的要求:

连梁箍筋设置要求 表 7-8

抗震等级	箍筋加密区			一般区	
	长度	直径	间距	直径	间距
一	$2h$	$\phi 10$	100	$\phi 10$	200
二	$1.5h$	$\phi 8$	200	$\phi 8$	200
三	$1.5h$	$\phi 8$	200	$\phi 8$	200
四	$1.5h$	$\phi 8$	200	$\phi 8$	200

注:h 为连梁截面高度;加密区长度不应小于 600mm。

(3) 在顶层连梁内的纵向钢筋的锚固长度范围内,应设间距不大于200mm的箍筋，直径与该梁的箍筋直径相同。

(4) 跨高比小于2.5的连梁，自梁顶下200mm至梁底面上200mm的范围内应增设水平分布筋；其间距不大于200mm；每层分布筋数量，一级时不少于2⌀12，二至四级时不少于2⌀10；水平分布筋伸入墙内的长度，不应小于30倍钢筋直径和300mm。

(5) 配筋砌块砌体剪力墙的连梁内不宜开洞。

第四节 设计例题

设有一幢14层宾馆，建在8度地震区，建筑场地为Ⅱ类，建筑物楼屋面为现浇钢筋混凝土结构。建筑物内部纵横墙均为190mm厚的混凝土小型空心承重砌块；外部纵横墙采用空腔墙：外层采用90mm厚的饰面混凝土小型空心砌块（为简化计算，不考虑它的承重作用），内层墙厚仍为190mm，所有传至外部纵横墙上的荷载和作用均由这层墙承担。在外90mm混凝土饰面砌块墙与内190mm墙之间设有50mm空气层，内填40mm聚苯板作为保温材料，以改善外墙的热工性能。要求合理地选择砌块砌体墙的砌块强度等级、砂浆强度等级和砌体的配筋量。

建筑物的平面图见图7-8，建筑物的剖面图见图7-9。

一、荷载收集

（一）屋面荷载

（1）屋面恒荷载：

防水层重取 $0.4kN/m^2$

找平层、隔气层重取 $0.4kN/m^2$

保温层重取 $0.65kN/m^2$

找平重取 $0.40kN/m^2$

钢筋混凝板重取 $\dfrac{3.00kN/m^2}{\sum 4.85kN/m^2}$

（2）屋面活荷载取 $0.5kN/m^2$

（3）屋面荷载总计 $5.35kN/m^2$

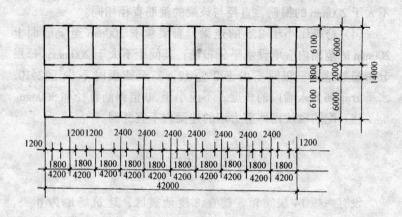

图 7-8 建筑平面图

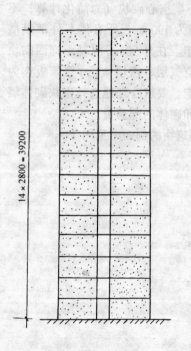

图 7-9 剖面图

(二)楼层荷载

(1)楼层恒荷载:

地面层重取 $1.30kN/m^2$

钢筋混凝土楼板重取 $3.0kN/m^2$

$\sum 4.30kN/m^2$

(2)楼板活荷载取 $1.50kN/m^2$

(3)楼层荷载总计为 $5.80kN/m^2$。

(三)砌块墙体自重

1. 内墙自重

(1)190mm 厚的内墙,两面粉刷,每1000mm 填一个孔,其荷载为 $3.28kN/m^2$;

190mm 厚的内墙,两面粉刷,每800mm 填一个孔,其荷载为 3.38kN/m²；

190mm 厚的内墙，两面粉刷，每 600mm 填一个孔，其荷载为 3.52kN/m²；

190mm 厚的内墙，两面粉刷，每 400mm 填一个孔，其荷载为 3.76kN/m²；

190mm 厚内墙，两面粉刷，全部孔均填实，其荷载为 4.62kN/m²。

(2) 底层内墙自重为：4.62（6－0.19）(2.8) ×18
$$= 1352.85kN$$

(3) 楼层内墙自重为：二层　　　　　= 1352.85kN

(4) 三层至五层为：3.76（6－0.19）×2.8×18 = 1101.02kN

(5) 六层至八层为：3.52（6－0.19）×2.8×18 = 1030.74kN

(6) 九层至 11 层为：3.38（6－0.19）×2.8×18 = 989.75kN

(7) 12 层至 13 层：3.28（6－0.19）×2.8×18 = 960.46kN

(8) 14 层同九层为：= 989.75kN

2. 外横墙自重

(1) 低层及二层(1.77 + 4.62)（14.19×2.8－1.8×1.8）
$$×2 = 466.37kN$$

(2) 三层至五层（1.77 + 3.76）×36.492×2 = 403.60kN

(3) 六层至八层（1.77 + 3.52）×36.492×2 = 386.09kN

(4) 九层至十四层（1.77 + 3.38）×36.492×2 = 375.87kN

3. 内纵墙自重

(1) 一、二层墙自重 4.62×（4.2×2.8－1.4×2.2）×10×2
$$= 802.03kN$$

(2) 三层至五层墙自重 3.76×173.6 = 652.74kN

(3) 六层至八层墙自重 3.52×173.6 = 611.07kN

(4) 九层至十一层墙自重 3.38×173.6 = 586.77kN

(5) 十二层至十三层墙自重 3.28×173.6 = 569.41kN

(6) 十四层墙自重　　　　3.38×173.6 = 586.77kN

4. 外纵墙自重

(1) 一、二层墙自重：$(1.77+4.62)(4.2\times2.8-1.8\times1.8)$
$\times10\times2=1088.86\text{kN}$

(2) 三层至五层墙自重：$(1.77+3.76)\times8.52\times20$
$=942.31\text{kN}$

(3) 六层至八层墙自重：$(1.77+3.52)\times8.52\times20$
$=901.42\text{kN}$

(4) 九层至十一层墙自重：$(1.77+3.38)\times8.52\times20$
$=877.56\text{kN}$

(5) 十二层至十三层墙自重：$(1.77+3.28)\times8.52\times20$
$=860.52\text{kN}$

(6) 十四层墙自重：$(1.77+3.38)\times8.52\times20=877.56\text{kN}$

5. 各层集中荷载，取 50% 活荷载 0.75kN/m^2。

(1) 一、二层：$5.05\times41.81\times13.81+1352.85+466.37$
$+802.03+1088.86=6625.96\text{kN}$

(2) 三层至五层：$2915.85+1101.02+403.60+652.74$
$+942.31=6015.52\text{kN}$

(3) 六层至八层：$2915.85+1030.74+386.09+611.07$
$+901.42=5845.17\text{kN}$

(4) 九层至十一层：$2915.85+989.75+375.87+586.77$
$+877.56=5745.80\text{kN}$

(5) 十二层至十三层：$2915.85+960.46+375.87+569.41$
$+860.52=5682.11\text{kN}$

(6) 十四层：$2915.85+989.75+375.87+586.77+877.56$
$=5745.80\text{kN}$

二、地震作用计算

由于建筑物剪力墙较多，刚度较大，建筑物总高度为 39.2m，故可以用基底剪力计算地震作用。建筑物在平面上、立面上，刚度分布上，质量分布上等方面都属规则结构。

（一）建筑物的总重量

建筑物总重量为 $G_E=6625.96\times2+6015.52\times3+5845.17\times3$

$$+ 5745.80 \times 3 + 5682.11 \times 2 + 5475.80$$
$$= 82911.41 \text{kN}$$

建筑物等效总重力荷载：
$$G_{eq} = 0.85 \times 82911.41 = 70474.70 \text{kN}$$

（二）建筑物自振周期
$$T_1 = 0.049 \ (39.2)^{3/4} = 0.77 \text{sec}$$

（三）建筑结构基底总剪力及各层地震作用

由于建筑物处于8度地震区，且为近震和Ⅱ类场地，$T_g = 0.3\text{sec}$，故

$$\alpha = \left(\frac{T_g}{T_1}\right)^{0.9} \cdot \alpha_{max} = \left(\frac{0.3}{0.77}\right)^{0.9} \times 0.16 = 0.0685$$

1. 建筑物基底总剪力
$$F_{EK} = \alpha G_{eq} = 0.0685 \times 70474.70 \doteq 4827.50 \text{kN}$$

2. 各层应分得的剪力

（1）求 Hi：

$H_1 = 2.8\text{m}$; $\quad H_2 = 5.6\text{m}$; $\quad H_3 = 8.4\text{m}$; $\quad H_4 = 11.2\text{m}$;

$H_5 = 14.0\text{m}$; $\quad H_6 = 16.8\text{m}$; $\quad H_7 = 19.6\text{m}$; $\quad H_8 = 22.4\text{m}$;

$H_9 = 25.2\text{m}$; $\quad H_{10} = 28.0\text{m}$; $\quad H_{11} = 30.8\text{m}$; $H_{12} = 33.6\text{m}$;

$H_{13} = 36.4\text{m}$; $\quad H_{14} = 39.2\text{m}$;

（2）求 $Hi\ Gi$：

$H_1 G_1 = 2.8 \times 6625.96 = 18552.69 \text{kN-m}$

$H_2 G_2 = 5.6 \times 6625.96 = 37105.38 \text{kN-m}$

$H_3 G_3 = 8.4 \times 6015.52 = 50530.37 \text{kN-m}$

$H_4 G_4 = 11.2 \times 6015.52 = 67373.82 \text{kN-m}$

$H_5 G_5 = 14.0 \times 6015.52 = 84217.28 \text{kN-m}$

$H_6 G_6 = 16.8 \times 5845.17 = 98198.86 \text{kN-m}$

$H_7 G_7 = 19.6 \times 5845.17 = 114565.33 \text{kN-m}$

$H_8 G_8 = 22.4 \times 5845.17 = 130931.81 \text{kN-m}$

$H_9 G_9 = 25.2 \times 5745.80 = 144794.16 \text{kN-m}$

$H_{10}G_{10} = 28.0 \times 5745.80 = 160882.40 \text{kN-m}$

$H_{11}G_{11} = 30.8 \times 5745.80 = 176970.64 \text{kN-m}$

$H_{12}G_{12} = 33.6 \times 5682.11 = 190918.90 \text{kN-m}$

$H_{13}G_{13} = 36.4 \times 5682.11 = 206828.80 \text{kN-m}$

$H_{14}G_{14} = 39.2 \times 5745.80 = \dfrac{225235.36 \text{kN-m}}{\sum 1707105.8 \text{kN-m}}$

(3) 各层水平地震作用：

$$F_1 = \dfrac{G_1 H_1}{\sum GiHi} F_{EK} = \dfrac{18552.69}{1707105.8} \times 4827.5 \doteq 52.47 \text{kN}$$

$F_2 = \dfrac{37105.38}{1707105.8} \times 4827.5 = 104.93 \text{kN}$

$F_3 = 50530.37 \times 2.828 \times 10^{-3} = 142.89 \text{kN}$

$F_4 = 67373.82 \times 2.828 \times 10^{-3} = 190.53 \text{kN}$

$F_5 = 84217.28 \times 2.828 \times 10^{-3} = 238.16 \text{kN}$

$F_6 = 98198.86 \times 2.828 \times 10^{-3} = 277.70 \text{kN}$

$F_7 = 114565.33 \times 2.828 \times 10^{-3} = 323.98 \text{kN}$

$F_8 = 130931.81 \times 2.828 \times 10^{-3} = 370.26 \text{kN}$

$F_9 = 144794.16 \times 2.828 \times 10^{-3} = 409.46 \text{kN}$

$F_{10} = 160882.40 \times 2.828 \times 10^{-3} = 454.96 \text{kN}$

$F_{11} = 176970.64 \times 2.828 \times 10^{-3} = 500.45 \text{kN}$

$F_{12} = 190918.90 \times 2.828 \times 10^{-3} = 539.90 \text{kN}$

$F_{13} = 206828.8 \times 2.828 \times 10^{-3} = 584.89 \text{kN}$

$F_{14} = 225235.36 \times 2.828 \times 10^{-3} = \dfrac{636.94 \text{kN}}{\sum 4827.52 \text{kN}}$

(4) 各层地震总剪力：

$V_{14} = 636.94 \text{kN}$

$V_{13} = 1221.83 \text{kN}$

$V_{12} = 1221.83 + 539.90 = 1761.73 \text{kN}$

$V_{11} = 1761.73 + 500.45 = 2262.18 \text{kN}$

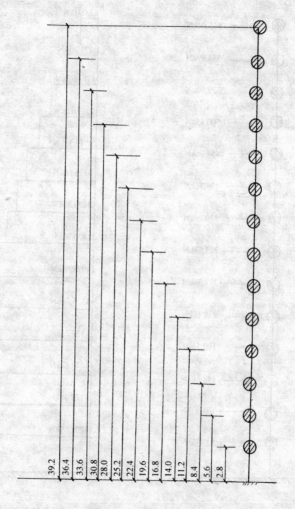

图 7-10 H_i 和 G_i 分布图

$V_{10} = 2262.18 + 454.96 = 2717.14 \text{kN}$

$V_9 = 2717.14 + 409.46 = 3126.6 \text{kN}$

$V_8 = 3126.6 + 370.26 = 3496.86 \text{kN}$

$V_7 = 3496.86 + 323.98 = 3820.84 \text{kN}$

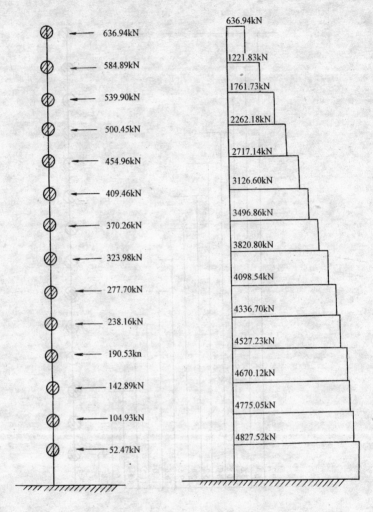

图 7-11 地震作用   图 7-12 地震楼层剪力

$V_6 = 3820.84 + 277.70 = 4098.54 \text{kN}$

$V_5 = 4098.54 + 238.16 = 4336.7 \text{kN}$

$V_4 = 4336.70 + 190.53 = 4527.23 \text{kN}$

$V_3 = 4527.23 + 142.89 = 4670.12 \text{kN}$

$V_2 = 4670.12 + 104.93 = 4775.05 \text{kN}$

$V_1 = 4775.05 + 52.47 = 4827.52 \text{kN}$

(5) 剪力分配：

在求出建筑物基底剪力和各楼层剪力后还应将它们分配给各片剪力墙（横向承重墙）。剪力分配是按各片的刚度进行的。

1) 内横墙的抗侧力刚度：

②轴至⑩轴的剪力墙均为Ⅰ字形截面，其尺寸见图 7-13。

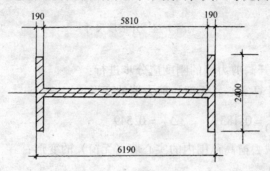

图 7-13 Ⅰ字形墙截面尺寸

在计算剪力墙刚度时，可以考虑翼缘的作用，翼缘宽度取 $13t = 13 \times 190\text{mm} = 2470\text{mm}$。外墙开 1800mm 的洞，剩余实墙面宽为 2400mm。为简化计算，两边的翼缘宽度均按 2400mm 考虑。

由于建筑物剪力墙的层间高宽比为：

$$h/l = \frac{2680}{6190} = 0.433$$

故可忽略弯曲变形对剪力墙刚度的影响，因此，剪力墙翼缘的影响也可忽略不计。此时剪力墙的相对变形为：

$\Delta = 1.299 \text{mm}$

剪力墙的相对刚度为：

$R = 0.77$

2) 外横墙的抗侧力刚度：

①轴和⑪轴墙有一个 $1.8 \times 1.8\text{m}$ 的窗洞，而且面积较大，具体尺寸和位置见图 7-14。

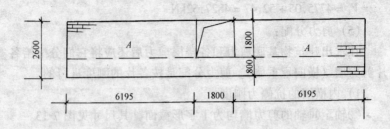

图 7-14 外横墙尺寸

计算开洞剪力墙的刚度应分步进行：

A. 计算实心（无窗）剪力墙的变形：

$\dfrac{2600}{14190} = 0.183, \qquad \Delta_\text{实} = 0.549$

B. 减去窗高范围内的实心墙（无窗）的变形：

$\dfrac{1800}{14190} = 0.127 \qquad \Delta_- = 0.381$，得

$\Delta = 0.168$

C. 再加上 2 个 A 段实心墙的变形，为此应先求出它们的刚度：

$\dfrac{1800}{6195} = 0.29; \qquad R_A = 1.034, \qquad 2R_A = 2.067; \qquad \Delta_A = 0.48$

D. 开窗剪力墙总变形为

$\Delta = 0.549 - 0.381 + 0.48 = 0.648$

E. 开窗剪力墙的相对刚度为

$R = 1.543$。

3）剪力分配系数：

A. 楼层总刚度：

$R = 0.77 \times 18 + 1.543 \times 2 = 16.946$

B. 楼层内横墙的分配系数：

$R_\text{内} = 0.0454$

C. 楼层外横墙的分配系数：

$R_{外} = 0.0911$

4) 剪力分配:

从上述计算所得的分配系数可知,内墙分得的剪力为81.79%,外墙分得的剪力为18.21%。

内墙分得的总剪力见表7-9。

内墙作用的总剪力　　　　　　　　　表7-9

楼　层	1	2	3	4	5	6	7
作用力	42.9	85.8	116.9	155.8	194.8	227.1	265.0
楼　层	8	9	10	11	12	13	14
作用力	302.8	334.9	372.1	409.3	441.6	478.4	521.0

各片内墙上作用的作用力如表7-10。

各片内墙上作用的作用力　　　　　　表7-10

楼　层	1	2	3	4	5	6	7
作用力	1.95	3.90	5.31	7.07	8.84	10.31	12.03
楼　层	8	9	10	11	12	13	14
作用力	13.75	15.20	16.89	18.58	20.05	21.72	23.65

内墙的层作用力见图7-15。

单片墙的层作用力见图7-16。

单片墙的水平剪力见图7-17。

5) 内墙单片墙上作用的弯矩计算,并绘图7-18:

$M_1 = 23.65 \times 2.8 = 66.22 \text{kN-m}$;

$M_2 = 23.65 \times 5.6 + 21.72 \times 2.8 = 193.26 \text{kN-m}$;

$M_3 = 23.65 \times 8.4 + 21.72 \times 5.6 + 20.05 \times 2.8 = 376.43 \text{kN-m}$;

$M_4 = 23.65 \times 11.2 + 21.72 \times 8.4 + 20.05 \times 5.6 + 18.58 \times 2.8$
$= 611.63 \text{kN-m}$;

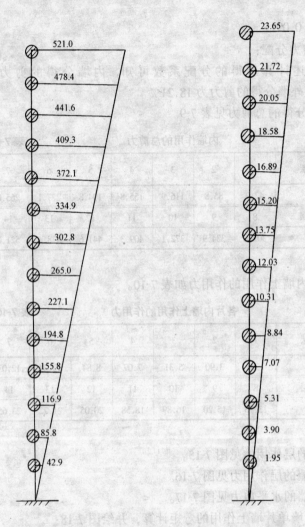

图 7-15 内墙层作用力　　图 7-16 单片墙层作用力

$M_5 = 23.65 \times 14.0 + 21.72 \times 11.2 + 20.05 \times 8.4 + 18.58 \times 5.6 + 16.89 \times 2.8 = 894.12 \text{kN·m}$;

$M_6 = 23.65 \times 16.8 + 21.72 \times 14.0 + 20.05 \times 11.2 + 18.58 \times 8.4$

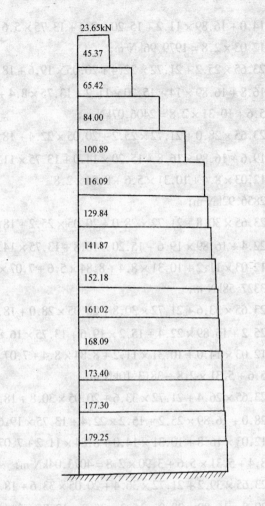

图 7-17 每片横墙承受的剪力

$$+ 16.89 \times 5.6 + 15.20 \times 2.8 = 1219.18 \text{kN-m};$$
$$M_7 = 23.65 \times 19.6 + 21.72 \times 16.8 + 20.05 \times 14.0 + 18.58$$
$$\times 11.2 + 16.89 \times 8.4 + 15.20 \times 5.6 + 13.75 \times 2.8$$
$$= 1582.73 \text{kN-m};$$
$$M_8 = 23.65 \times 22.4 + 21.72 \times 19.6 + 20.05 \times 16.8 + 18.58$$

$$\times 14.0 + 16.89 \times 11.2 + 15.20 \times 8.4 + 13.75 \times 5.6$$
$$+ 12.03 \times 2.8 = 1979.96 \text{kN-m};$$
$$M_9 = 23.65 \times 25.2 + 21.72 \times 22.4 + 20.05 \times 19.6 + 18.58$$
$$\times 16.8 + 16.89 \times 14 + 15.20 \times 11.2 + 13.75 \times 8.4 + 12.03$$
$$\times 5.6 + 10.31 \times 2.8 = 2406.07 \text{kN-m};$$
$$M_{10} = 23.65 \times 28.0 + 21.72 \times 25.2 + 20.05 \times 22.4 + 18.58$$
$$\times 19.6 + 16.89 \times 16.8 + 15.20 \times 14.0 + 13.75 \times 11.2$$
$$+ 12.03 \times 8.4 + 10.31 \times 5.6 + 8.84 \times 2.8$$
$$= 2856.92 \text{kN-m};$$
$$M_{11} = 23.65 \times 30.8 + 21.72 \times 28.0 + 20.05 \times 25.2 + 18.58$$
$$\times 22.4 + 16.89 \times 19.6 + 15.20 \times 16.8 + 13.75 \times 14.0$$
$$+ 12.03 \times 11.2 + 10.31 \times 8.4 + 8.84 \times 5.6 + 7.07 \times 2.8$$
$$= 3327.58 \text{kN-m};$$
$$M_{12} = 23.65 \times 33.6 + 21.72 \times 30.8 + 20.05 \times 28.0 + 18.58$$
$$\times 25.2 + 16.89 \times 22.4 + 15.2 \times 19.6 + 13.75 \times 16.8$$
$$+ 12.03 \times 14.0 + 10.31 \times 11.2 + 8.84 \times 8.4 + 7.07$$
$$\times 5.6 + 5.31 \times 2.8 = 3813.10 \text{kN-m};$$
$$M_{13} = 23.65 \times 26.4 + 21.72 \times 33.6 + 20.05 \times 30.8 + 18.58$$
$$\times 28.0 + 16.89 \times 25.2 + 15.2 \times 22.4 + 13.75 \times 19.6$$
$$+ 12.03 \times 16.8 + 10.31 \times 14.0 + 8.84 \times 11.2 + 7.07$$
$$\times 8.4 + 5.31 \times 5.6 + 3.90 \times 2.8 = 4073.04 \text{kN-m};$$
$$M_{14} = 23.65 \times 39.2 + 21.72 \times 36.4 + 20.05 \times 33.6 + 18.58$$
$$\times 30.8 + 16.89 \times 28.0 + 15.2 \times 25.2 + 13.75 \times 22.4 + 12.03$$
$$\times 19.6 + 10.31 \times 16.8 + 8.84 \times 14.0 + 7.07 \times 11.2 + 5.31$$
$$\times 8.4 + 3.9 \times 5.6 + 1.95 \times 2.8 = 4811.44 \text{kN-m}。$$

作用在内墙上的弯矩已算出，见图7-18：

三、计算内横墙各层承受的垂直荷载

（一）楼屋面板传给内横墙垂直荷载

楼板荷载的分配，见图7-19。

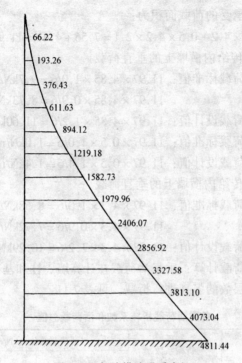

图 7-18 每片横墙承受弯矩

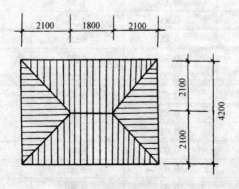

图 7-19 楼板荷载分配图

内横墙承受的荷载面积为：
$F = 1.8 \times 4.2 + 0.5 \times 4.2 \times 2.1 = 7.56 + 4.41 = 11.97 \text{m}^2$

1. 屋面传给内横墙上的垂直荷载

垂直恒荷载标准值：$11.97 \times 4.85 \times 1.0/6 = 9.7 \text{kN/m}$
$11.97 \times 4.85 \times 0.9/6 = 8.73 \text{kN/m}$；
垂直恒荷载设计值：$11.97 \times 4.85 \times 1.2/6 = 11.60 \text{kN/m}$；
垂直活荷载标准值：$11.97 \times 0.5 \times 1.0/6 \doteq 1.0 \text{kN/m}$；
垂直活荷载设计值：$11.97 \times 0.5 \times 1.4/6 \doteq 1.4 \text{kN/m}$。

2. 楼层传给内横墙上的垂直荷载

垂直恒荷载标准值：$11.97 \times 4.3 \times 1.0/6 = 8.58 \text{kN/m}$
$11.97 \times 4.3 \times 0.9/6 = 7.72 \text{kN/m}$；
垂直恒荷载设计值：$11.97 \times 4.3 \times 1.2/6 = 10.29 \text{kN/m}$；

垂直活荷载计算：垂直活荷载在计算墙、柱和基础时，可根据其上部楼层数的多寡进行折减，见表 7-11。

各层活荷载折减系数和活荷载总值　　表 7-11

楼层数	折减系数	活荷载总值（kN/m²）	
		标准值	设计值
14	1.0	0.50	0.70
13	1.0	1.50	2.10
12	0.85	2.55	3.57
11	0.85	3.825	5.355
10	0.70	4.20	5.88
9	0.70	5.25	7.39
8	0.65	5.85	8.19
7	0.65	6.825	9.56
6	0.60	7.20	10.08
5	0.60	8.10	11.34
4	0.60	9.00	12.60
3	0.60	9.90	13.86
2	0.60	10.80	15.12
1	0.60	11.70	16.38

将上表 7-11 中的活荷载换算成每延米荷载,并与楼层传给墙的恒荷载相加,得楼板传给墙的总荷载,见表 7-12。

楼板传给内横墙的荷载（kN/m） 表 7-12

楼层	活荷载		恒荷载			1.4活 +1.2呆
	标准值	设计值	标准值	1.2标准值	0.9标准值	
14	1.0	1.4	9.7	11.6	8.73	13.0
13	3.0	4.2	18.28	21.89	16.45	26.09
12	5.1	7.14	26.86	32.18	24.17	39.32
11	7.65	10.71	35.44	42.47	31.89	53.18
10	8.4	11.76	44.02	52.76	39.61	64.52
9	10.5	14.70	52.60	63.05	47.33	77.75
8	11.7	16.38	61.18	73.34	55.05	89.72
7	13.65	19.11	69.76	83.63	62.77	102.74
6	14.40	20.16	78.34	93.92	70.49	114.08
5	16.20	22.68	86.92	104.21	78.21	126.89
4	18.0	25.20	95.50	114.50	85.93	139.70
3	19.8	27.72	104.08	124.79	93.65	152.51
2	21.55	30.16	112.66	135.08	101.37	165.24
1	23.34	32.68	121.24	145.37	109.09	178.05

（二）由墙自重产生的垂直压力

由墙自重产生的垂直荷载的标准值和设计值见表 7-13。

墙自重在各层产生的垂直荷载标准值和设计值 表 7-13

楼层数	墙自重产生的垂直荷载标准值（kN/m）	墙自重产生的垂直荷载设计值（kN/m）（1.2）	墙自重产生的垂直荷载设计值（kN/m）（0.9）
14	8.79	10.55	7.91
13	17.14	20.57	15.43
12	25.49	30.59	22.94

续表

楼层数	墙自重产生的垂直荷载标准值（kN/m）	墙自重产生的垂直荷载设计值（kN/m）（1.2）	墙自重产生的垂直荷载设计值（kN/m）（0.9）
11	34.28	41.14	30.85
10	43.07	51.68	38.76
9	57.86	62.23	46.62
8	61.01	73.21	54.91
7	70.16	84.19	63.14
6	79.31	95.17	71.38
5	89.09	106.91	80.18
4	98.87	118.64	88.98
3	108.65	130.38	97.79
2	120.66	144.79	108.59
1	132.67	159.20	119.40

内横墙上承受的荷载组合值列于表 7-14。

作用在内横墙上的荷载组合表（kN/m） 表 7-14

楼层数	剪力设计值（kN）	垂直荷载组合值（kN/m）		地震弯矩组合值（kN·m）
		1.2 设计值	0.9 设计值	
14	30.75	23.55	18.04	86.09
13	58.98	46.66	36.08	251.24
12	85.05	69.91	54.25	489.36
11	109.20	94.32	73.45	795.12
10	131.16	116.20	90.13	1162.36
9	150.92	139.98	108.70	1584.93
8	168.79	162.93	126.34	2057.55
7	184.43	186.93	145.02	2573.95
6	197.83	209.25	162.03	3127.89

续表

楼层数	剪力设计值 (kN)	垂直荷载组合值 (kN/m)		地震弯矩组合值 (kN-m)
		1.2 设计值	0.9 设计值	
5	209.33	233.80	181.07	3714.00
4	218.52	258.34	200.11	4325.85
3	225.42	282.89	219.16	4957.03
2	322.69	310.03	240.12	5294.95
1	326.24	337.25	261.17	6254.87

四、配筋砌块砌体偏心受压剪力墙的抗剪验算

配筋砌块砌体剪力墙的抗剪承载力由两部分组成 V_m 和 V_s。

$$V_m = \frac{1}{\gamma_{RE}}\left[\frac{1}{\lambda - 0.5}(0.04f_b b_w \cdot h_w + 0.1N)\right]$$

$$V_s = \frac{1}{\gamma_{RE}}\left(0.8f_{yh}\frac{A_{sh}}{S}h_0\right)$$

首先假定砌块砌体的水平配筋设在三处，即 +0.8m；+1.8m 和 +2.8m 处；+0.8m 和 +1.8m 处各设 2φ10，+2.8m 处设 4φ10。假定，为安全计，平均按 2φ10@1000 考虑，则

$$V_s = \frac{1}{0.85}\left(0.8 \times 210 \times \frac{157}{1000}6000\right) = 186.18 \text{kN}$$

均大于各楼层的 $0.5V$，其最大值为 $0.5 \times 326.24 = 163.12$ kN，配筋满足要求。尚未考虑钢筋网片的作用。

V_m 的计算见表 7-15。

V_m 计 算 表   表 7-15

楼层数	剪跨比 λ	0.1N (kN)	$0.04f_b b_w h_w$ (kN)	$\frac{1}{0.85}\left(\frac{1}{\lambda-0.5}\right)$	V_m (kN)
14	0.47	10.8	165.35		
13	0.71	21.66	135.89	5.60	882.27
12	0.96	32.58	135.89	2.56	430.82
11	1.21	44.10	165.35	1.66	347.69

续表

楼层数	剪跨比 λ	$0.1N$ (kN)	$0.04f_b b_w h_w$ (kN)	$\dfrac{1}{0.85}\left(\dfrac{1}{\lambda-0.5}\right)$	V_m (kN)
10	1.48	54.06	165.35	1.20	263.29
9	1.75	65.22	165.35	0.94	216.74
8	2.03	75.78	174.04	0.77	192.36
7	2.33	87.00	174.04	0.64	167.07
6	2.64	97.20	174.04	0.55	149.18
5	2.96	108.66	208.85	0.48	152.41
4	3.30	120.06	208.85	0.42	138.14
3	3.67	131.40	208.85	0.37	125.89
2	2.73	144.06	281.35	0.53	225.47
1	3.20	156.72	281.35	0.44	192.75

两者相加，即 $V_m + V_s$ 均大于相应的剪力设计值，含放大1.4倍的剪力设计值部分均可，且有一定的安全储备。如改变水平配筋量，从抗剪角度看，此类建筑还可建得更高些。

五、内横墙的抗弯验算

首先验算建筑物各层的砌块砌体内是否出现拉应力？是否出现裂缝？是否需要配筋和配筋量是多少？为此需按下式计算出砌块砌体拉、压应力：

$$\sigma_{1.2} = \frac{N}{A} \pm \frac{M}{W} \tag{7-28}$$

式中 $\sigma_{1.2}$——砌块砌体中的拉、压应力；

N——荷载设计值在截面中产生的垂直力设计值；

M——荷载设计值在截面中产生的弯矩设计值；

A——砌块砌体的横截面积；

W——配筋砌块砌体构件的面积矩。

在计算砌块砌体剪力墙抗弯验算时，内横墙的截面应按I字形考虑，这与抗剪计算是不同的。由于剪力墙还灌有芯柱，因此各层墙的面积和面积矩也是不同的：

$A_1 = A_2 = 5180 \times 190 + 2 \times 2400 \times 190 + (30 + 11 + 11) \times 130 \times 130 = 2894700 \text{mm}^2$；

$A_3 = A_4 = A_5 = 2015900 + (15 + 5 + 5) \times 16900 = 2438400 \text{mm}^2$；

$A_6 = A_7 = A_8 = 2015900 + (7 + 5 + 5) \times 16900 = 2218700 \text{mm}^2$；

$A_9 = A_{10} = A_{11} = A_{12} = A_{13} = A_{14} = 2218700 \text{mm}^2$。

各层墙的惯性矩和面积矩计算如下：

不考虑芯柱影响　$I = 1/12(2400 \times 6190^3 - 2210 \times 5180^3)$
$= 1.1316 \times 10^{13} \text{mm}^4$

面积矩为：

$$W = \frac{J}{0.5 \times 6190} = 3.656 \times 10^9 \text{mm}^3;$$

考虑芯柱影响后，面积矩计算的结果如下：

$W_1 = W_2 = 5.841 \times 10^9 \text{mm}^3$；

$W_3 = W_4 = W_5 = 4.659 \times 10^9 \text{mm}^3$；

$W_6 = W_7 = W_8 = W_9 = W_{10} = W_{11} = W_{12} = W_{13} = W_{14}$
$= 4.579 \times 10^9 \text{mm}^3$。

既然剪力墙截面是按I字形进行抗弯计算的，则作用在剪力墙上的荷载也应发生变化，应包括作用在内纵墙和外纵墙上的荷载。荷载的分配见图7-20。P_1、P_2、P_3的计算和汇总值见表7-16。

P_1 和 P_3 计算表　　　　　　　　表7-16

楼层数	P_1 (kN)	P_2 (kN)	P_3 (kN)	$P_1 + P_2 + P_3$ (kN)
14	152.53	141.30	104.79	398.62
13	210.00	279.96	209.06	699.02
12	319.59	406.18	313.96	1039.73
11	432.47	548.00	422.54	1403.01

续表

楼层数	P_1 (kN)	P_2 (kN)	P_3 (kN)	$P_1 + P_2 + P_3$ (kN)
10	529.37	679.12	520.01	1728.50
9	638.39	813.28	625.82	2077.49
8	740.18	946.62	727.36	2414.16
7	848.77	1086.06	833.52	2768.35
6	946.71	1215.74	932.28	3094.73
5	1055.88	1385.38	1039.73	3480.99
4	1164.83	1500.96	1147.19	3812.98
3	1273.89	1643.59	1254.64	4172.12
2	1389.02	1801.27	1369.67	4559.96
1	1504.48	1959.42	1485.05	4948.95

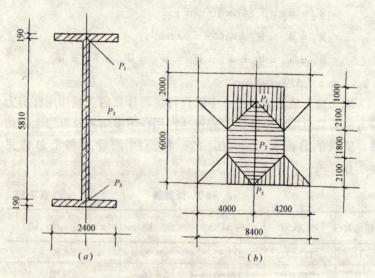

图 7-20 楼层荷载分配图

各层剪力墙的应力计算见表 7-17。

各层剪力墙抗压弯应力表　　　　表 7-17

楼层数	垂直荷载产生压应力（MPa）	弯矩产生的拉压应力（MPa）	砌体内组合应力（MPa）	备注
14	0.180	±0.019	+0.199；+0.161	
13	0.315	±0.055	+0.37；+0.26	
12	0.469	±0.107	+0.576；+0.362	
11	0.632	±0.174	+0.806；+0.458	
10	0.779	±0.254	+1.033；+0.525	
9	0.936	±0.346	+1.282；+0.59	
8	1.088	±0.449	+1.537；+0.639	
7	1.248	±0.562	+1.810；+0.686	
6	1.269	±0.683	+1.952；+0.586	
5	1.428	±0.797	+2.225；+0.631	
4	1.564	±0.928	+2.492；+0.636	
3	1.711	±1.043	+2.754；+0.668	
2	1.575	±0.966	+2.541；+0.609	
1	1.710	±1.141	+2.851；+0.569	

从上述计算表格中可以看出，剪力墙内未出现拉应力，按抗震要求构造配筋即可。砌体的抗压强度也不必改变，采用 MU10 的砌块和 M10 的砂浆就能满足建筑物的抗震强度要求，也不需作边缘构件和箍筋。

第八章　小砌块建筑施工

混凝土小型砌块建筑在我国已有几十年的历史，各地区也积累了很多小砌块建筑施工方面的经验，但是，小砌块建筑的特点并没有完全被施工人员所掌握，有关小砌块的规范、规程、图集和技术要求，很多施工人员还不太熟悉；小砌块作为承重墙体材料的主导产品已经被主管单位、使用、设计、施工等企业所共识，发展前景良好，而小砌块建筑施工质量将对结构的安全、房屋的使用功能产生重要影响，必须予以高度重视。

第一节　小砌块建筑施工的特点

小型砌块作为承重的墙体材料，在块体、砂浆、建筑、结构构造、施工工艺、操作技术、质量标准与实心粘土砖均有较大的差异。因此，使用单位、设计单位、施工企业、监理公司需要熟悉、了解小砌块建筑的施工准备、墙体砌筑、芯柱施工、质量验收等各种施工问题。下面首先介绍小砌块建筑施工的一些特点：

一、小砌块规格、型号

众所周知，砖砌体建筑用的实心粘土砖大多用 240mm×115mm×53mm 一种规格，并可以砍成任何小于上述尺寸的粘土砖。而小砌块由混凝土制成，难以切、锯，必须由多种规格、型号的砌块组成，表 8-1、表 8-2 列出了承重小型砌块和非承重小型砌块几种规格型号。

随着小砌块建筑的发展，外墙的装饰砌块、各种异形砌块也会在小砌块建筑中广泛采用。

小砌块是混凝土制品，在施工过程中不能随意砍凿。因此，小砌块建筑施工前，必须有墙体砌块排列图，计算出各种不同块型的数量，编制施工组织设计。

多层建筑用承重小砌块的规格型号　　　　表 8-1

砌块型号	制作尺寸 长×宽×高 (mm)	砌筑尺寸 长×宽×高 (mm)	空心率(%)		每块重量(kg)		说明
			通孔	半封底	通孔	半封底	
K_4	390×190×190	400×190×200	49.92	42.60	16.92	19.44	主规格
K_5	590×190×190	600×190×200	55.20	51.20	22.90	24.96	副规格
K_3	290×190×190	300×190×200	42.83	—	14.38	—	副规格
K_2	190×190×190	200×190×200	43.25	39.00	9.34	10.08	副规格
K_1	90×190×190	100×190×200	—	30.00	7.80	5.52	副规格
U_{19}	190×190×190	200×190×200	—	—	6.24	—	圈梁块

注：砌块壁、肋厚度为 30mm。

非承重小砌块的规格型号　　　　表 8-2

砌块型号	制作尺寸 长×宽×高 (mm)	砌筑尺寸 长×宽×高 (mm)	空心率(%)		砌块重量(kg)		说明
			通孔	半封底	通孔	半封底	
K_6	390×115×190	400×115×200	46.58	45.50	10.92	11.18	主规格
K_7	190×115×190	200×115×200	42.91	40.50	5.69	6.03	副规格
K_8	90×115×190	100×115×200	—	25.00	4.72	—	副规格
K_9	390×90×190	400×90×200	40.11	38.80	9.59	9.89	主规格
K_{10}	190×90×190	200×90×200	37.10	34.40	4.90	5.28	副规格
K_{11}	90×90×190	100×90×200	—	—	3.69	—	副规格

二、块体外形尺寸、壁肋、孔洞

承重小砌块的主规格块为 390mm×190mm×190mm，为实心粘土砖体积的 9.6 倍，重量一般在 17kg 左右。小砌块高度为三皮砖的高度。

如何保证竖缝砂浆的饱满度，不仅对砌体的力学强度有影响，而且影响外墙的防渗抗裂。上下二皮砌块之间的粘接砂浆，由于砌块中间有孔洞，粘结面减小，抗剪强度降低，而且混凝土制品的吸水性小，收缩大。因此，砌块砌筑时对砂浆的粘结性和砌块的含水率有一定的技术要求。

三、芯柱

芯柱是在小砌块孔洞中灌注的混凝土柱，芯柱内通常有竖向钢筋。由于芯孔的断面尺寸为 120mm×120mm，芯孔的高度为楼层的层高,住宅为2.7~2.8m。芯柱的数量每层约有几百个,每栋多层住宅芯柱数量多达几千个。芯柱对小砌块住宅结构安全有十分重要的作用,有些部位芯柱还有防渗作用。如果在±0.00以下的部位使用小砌块,砌块内孔洞必须全部灌实。因此,芯柱混凝土配合比、坍落度、浇注、振捣、质量检查都与一般混凝土有显著的差别。

四、特殊的构造措施

为了防止小砌块墙体的裂缝,提高外墙抗渗和保温,采取了一些相应的构造和技术措施。例如:

(1)小砌块墙体设置控制缝,提高局部墙体的砂浆强度等级,窗台下设置水平钢筋,端开间门窗洞边设置钢筋混凝土芯柱、屋盖墙设分格缝、小砌块需有防雨措施等都是防止小砌块墙体裂缝的有效措施。图8-1、图8-2为小砌块砌体结构、构造示意。

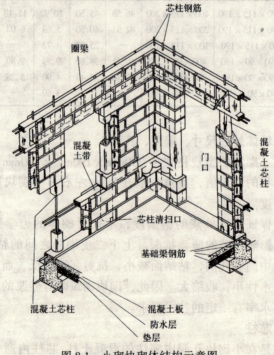

图8-1 小砌块砌体结构示意图

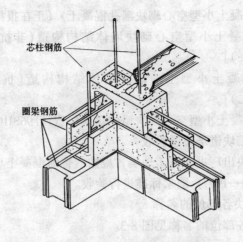

图 8-2 圈梁芯柱结点构造示意图

(2) 砌筑砂浆的性能与使用、承重墙与叶墙（保温）之间的连接、外墙面的防渗材料等与砖墙施工均有明显的差别。

总之，小砌块建筑是一种新的砌体结构体系。虽然与砖砌体结构有很多相同之处，同时也存在很多特殊之处，应引起小砌块建筑施工人员的高度重视。

第二节 小砌块建筑的施工准备

一、规范、规程、标准和图集

小砌块建筑施工前，应对施工企业、监理公司的技术人员、质检人员以及有关人员进行小砌块建筑施工技术的培训和考核。有关小砌块的规范、规程、标准和图集有：

(1)《砌体工程施工及验收规范》(GB50203—98)。

(2)《混凝土小型空心砌块建筑技术规程》(JGJ/T 14—95)。

(3)《普通混凝土小型空心砌块》(GB8239—1997)。

(4)《混凝土小型空心砌块试验方法》(GB/T 4111—1997)。

(5)《混凝土小型空心砌块砌筑砂浆》（正在报批）。

(6)《混凝土小型空心砌块灌孔混凝土》(正在报批)。

(7)《混凝土小型空心砌块墙体结构构造(非抗震设防)》[96SG613(一)]。

(8)《混凝土小型空心砌块墙体结构构造(抗震设防)》[96SG613(二)]。

(9)《混凝土小型空心砌块墙体建筑构造》[96SJ102(二)]。

二、小砌块进场质量验收

小型砌块出厂进入施工现场,应按《普通混凝土小型空心砌块》(GB8239—1997)国家标准进行验收。

1. 小砌块各部位的名称

小砌块各部位的名称见图8-3。

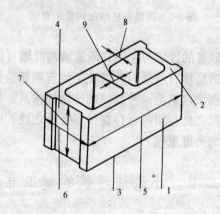

图8-3 砌块各部位的名称

1—条面;2—坐浆面(肋厚较小的面);
3—铺浆面(肋厚较大的面);4—顶面;
5—长度;6—宽度;7—高度;8—壁;9—肋

小砌块最小外壁厚应不小于30mm,最小肋厚应不小于25mm。

2. 小砌块的等级

小砌块尺寸允许偏差及外观质量指标见本书表2-2。按小砌块尺寸偏差和外观质量,小砌块分三个等级:优等品(A);一等品(B);合格品(C)。

小砌块按其强度等级分六个等级,见本书表2-3。

3. 标记

按产品名称、强度等级、外观等级和标准编号的顺序进行标记。小砌块强度等级为 MU7.5、外观等级为优等品(A)的砌块,其标记为:NHB MU7.5A GB8239。

4. 相对含水率

相对含水率是指小砌块发货时的含水率与吸水率之比,以百分率表示,即:

$$相对含水率(\%) = \frac{发货时的含水率}{吸水率} \times 100\%$$

表8-3列出了小砌块相对含水率指标。

相对含水率(%)　　　　　　　　　　　表8-3

使用地区	潮湿	中等	干燥
相对含水率不大于	45	40	35

注:潮湿——系指年平均相对湿度大于75%的地区;
　　中等——系指年平均相对湿度50%~75%的地区;
　　干燥——系指年平均相对湿度小于50%的地区。

5. 抗渗性

用于清水墙或有防水性要求部位的小砌块,其抗渗性应满足表8-4的规定。

抗渗性(mm)　　　　　　　　　　　　表8-4

项目名称	指标
水面下降高度	三块中任一块不大于10

6. 抗冻性

小砌块的抗冻性根据小砌块建筑使用环境条件的不同有不同的要求。小砌块在 -15℃以下的冷冻室放置24h,取出后放在

10~20℃的水中24小时称为一次冻融循环，经15次冻融循环后小砌块的强度损失值<25%，抗冻标号为D15。

抗冻性　　　　　　　　　表8-5

使用环境条件	抗冻标号
非采暖地区	不规定
采暖地区 　一般环境 　干湿交替环境	 D15 D25

注：非采暖地区指最冷月份平均气温高于-5℃的地区；
　　采暖地区指最冷月份平均气温低于或等于-5℃的地区。

7．小砌块的检验

小砌块的出厂检验项目为：（1）尺寸偏差；（2）外观质量；（3）相对含水率；（4）抗压强度；（5）抗渗性。

（1）组批规则：

砌块按质量等级和强度等级分批验收。它是以同一种原材料配制成的相同外观等级、相同的强度等级和同一生产工艺制作的10000块砌块为一批，每月生产的块数不足10000块者亦为一批。

（2）抽样规则：

每批砌块随机抽取32块做尺寸偏差和外观质量检验，从检验合格砌块中再进行其他项目检验。其中强度等级5块，相对含水率3块，抗渗性3块，抗冻性5块，块体密度和空心率3块。

（3）判定规则：

受检的32块砌块中，尺寸偏差和外观质量不合格数不超过7块时，其相应的指标符合本书表2-2的规定，则判该批砌块符合相应等级。

当所有项目检验结果均符合上述各项技术要求的等级时，则判为该等级。

8．小砌块产品出厂合格证

小砌块出厂时，生产厂应提供小砌块质量合格证书，其内容包括：

(1) 厂名和商标;
(2) 合格证编号和砌块数量（块）;
(3) 产品标记和检验结果;
(4) 批量编号和砌块数量（块）;
(5) 检验部门和检验人员签章。

9."材料准用证"

有些地区为了规范小砌块产品市场，必须持有该地区"材料准用证"才能销售。如北京地区销售的小砌块，必须持有北京市建委颁发的"北京市建设工程材料准用证"，无此证的企业不得在该地区销售小砌块。

10. 小砌块复验

为保证进场的小砌块质量，应对进场小砌块随机抽样5块进行外观质量复验，5块进行抗压强度复验。

(1) 外观质量检查：

图 8-4～图 8-5 示小砌块弯曲、缺棱掉角尺寸和裂纹长度测量法。

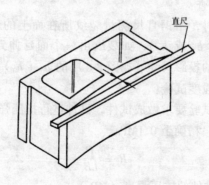

图 8-4 弯曲测量法

1) 弯曲质量检查：

弯曲测量时，将直尺贴靠坐浆面、铺浆面和条面，测量直尺与试件之间的最大间距，精确至 1mm。

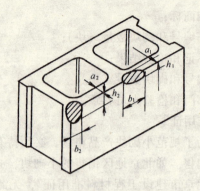

图 8-5 缺棱掉角尺寸测量法
a—缺棱掉角在宽度方向的投影尺寸;
b—缺棱掉角在长度方向的投影尺寸;
h—缺棱掉角在高度方向的投影尺寸

2) 缺棱掉角检查:

缺棱掉角测量时,将直尺贴靠棱边,测量缺棱掉角在长、宽、高度三个方向的投影尺寸,精确至1mm。

3) 裂纹检查:

裂纹测量时,用钢直尺测量裂纹所在面上的最大投影尺寸(如图 8-6 中的 b_2 或 h_3),如裂纹由一个面延伸到另一个面时,则累计其延伸的投影尺寸(如图 8-6 中的 $a_1 + h_1$)精确至1mm。

(2) 抗压强度试验:

小砌块按试验要求做成试件,试件进行抗压强度试验,并按下式进行计算,精确至0.1MPa。

$$R = \frac{P}{LB} \tag{8-1}$$

式中 R——试件的抗压强度(MPa);

P——破坏荷载(N);

L——受压面的长度(mm);

B——受压面的宽度(mm)。

三、小砌块进场后的堆放

小砌块不同于实心砖,它区分不同规格和各种等级。因此,

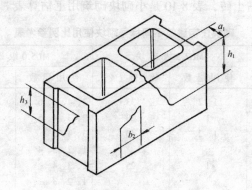

图 8-6 裂纹长度测量法
a—裂纹在宽度方向的投影尺寸;
b—裂纹在长度方向的投影尺寸;
h—裂纹在高度方向的投影尺寸

小砌块的堆放,应按下列要求进行:

(1) 运到现场的小砌块,应按不同规格和强度等级分别堆放整齐,堆垛上应设标志,堆放场地必须平整,并作好排水。

(2) 小砌块的堆放高度不宜超过 1.6m,堆垛之间应保持一定宽度的通道,便于砌块的运输。

(3) 雨季施工时,小砌块不得贴地堆放,堆垛上要有防雨措施,防止砌块受潮,受潮砌块砌筑后将引起墙体收缩裂缝。

四、小砌块建筑的施工组织准备

(一) 原材料准备及砌筑用工估算

1. 原材料估算

小砌块建筑墙体材料中各种强度等级、不同规格小砌块的数量和砌筑砂浆的数量,在南方起步较早地区,积累了一些经验,表 8-6 至表 8-9 中数据可供参考。

2. 用工估算

小砌块外形尺寸大,390mm×190mm×190mm 的砌块相当于 9.6 块 240mm×115mm×53mm 粘土砖。因此,小砌块墙体砌筑速度要快于粘土砖，表 8-10 是小砌块砌筑用工估算表。

砌块住宅建筑不同标号砌块使用比例参考表 表 8-6

住宅层数	MU7.5 级砌块		MU5.0 级砌块	
	使用层数	比 例（%）	使用层数	比 例（%）
6	1、2	33	3、4、5、6	67
5	1	20	2、3、4、5	80
5	1、2	40	3、4、5	60
4			1、2、3、4	100
4	1	25	2、3、4	75
3			1、2、3	100

一般住宅不同型号砌块用量比例参考表 表 8-7

砌块规格(mm)	390×190×190	290×190×190	190×190×190	390×90×190	190×90×190
用量比例（%）	75～85	5～6	6～7	1.5～2	1.8～2.5

砌块墙体砌筑砂浆耗用量参考表（m^3/m^3） 表 8-8

地 区	广西东兰	广 州	四川崇庆	贵州七冶
耗用量	0.14	0.0873	0.15	0.15

注：广西、四川、贵州为半封底砌块，砌筑砂浆耗量较多。

砌块墙体粉刷层平均厚度参考表（cm） 表 8-9

地 区	广西凤山	四川崇庆	广 州
平均厚度	1.25	1.22	1.30

砌块墙体砌筑工效参考表（块/工日） 表 8-10

地 区	广西凤山	四 川	广 州	贵州七冶
主规格砌块	120～210	140～168	140～150	120
折合标准砖	1229～2150	1434～1720	1434～1536	1229

注：190 砌块墙需砌块 12.5 块/m^2，240 砖墙需粘土砖 128 块，每一砌块相当 10.24 块砖。

(二)施工准备

1. 放线

基础施工前,应用钢尺校核房屋的放线尺寸,其允许偏差不应超过表 8-11 的规定,并按照设计图纸要求弹好墙体轴线、中心线或墙边线。砌筑前应根据排块图画出墙角的皮数杆,杆上注明砌块高度、皮数、灰缝厚度及门窗洞口高度。

房屋放线尺寸允许偏差　　　　　　表 8-11

长度 L,宽度 B 的尺寸(m)	允许偏差(mm)
$L(B) \leqslant 30$	±5
$30 < L(B) \leqslant 60$	±10
$60 < L(B) \leqslant 60$	±15
$L(B) > 90$	±20

基础砌完后,应在两侧同时填土,并分层夯实。当两侧填土高度不等或仅能在一侧填土(如地下室墙、地下管沟墙等),在填土时,应采取措施防止在填土夯实过程墙体发生变形。

2. 技术交底

小砌块建筑施工前,将已编好的施工组织设计,全面地向施工技术人员、工长、质检员、材料员等有关人员,将小砌块的特性、墙体排块图、砌筑砂浆、芯柱混凝土、墙体构造、技术要求、施工方法、质量标准、检验方法等全面地进行技术交底。同时,对进入现场施工的工人进行 2~3 天技术培训,学习小砌块建筑施工规程和操作方法。

3. 芯孔小砌块飞边的处理

小砌块墙体中的芯柱必须保证 120mm×120mm 的截面尺寸,为了方便铺灰和提高墙体的抗剪、抗弯强度,小砌块做成半封底,因此,砌块砌筑前,必须将芯孔的飞边打掉。

4. 小砌块的垂直和水平运输

小砌块重量比较大,水平运输很不方便,宜将小砌块在堆放场地直接运输到工人操作地点。因此，垂直和水平运输时，将小砌块在堆放场地码在托盘上，用一台机械如：塔吊、轮胎吊、井架长扒杆（见图8-7、回转半径18m）、独立长臂扒杆（见图8-8、起重杆长达30m）来完成小砌块的垂直运输和水平运输。

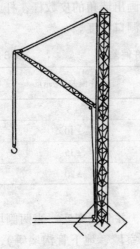

图8-7 井架长扒杆

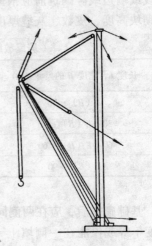

图8-8 独立长臂扒杆

5. 劳动组织

在我国一些地区小砌块建筑施工的劳动组织，有下列几种形式：

(1) 按照砖混结构施工的组织形式：

砖混结构施工通常将平面分成几个施工段进行流水施工，主导工序是砌墙，主导工种是瓦工。墙体中有混凝土构造柱、混凝土过梁和圈梁，水平构件有预制空心楼板、现浇板、板缝等，因此，配有木工、钢筋工、吊装工、架子工等各种组成混合施工队进行施工。

(2) 组织混合班组：

小砌块建筑墙体可用芯柱代替构造柱，用槽形砌块做现浇圈梁的模板，楼板用预制空心板。这样，砌墙、瓦工仍是主导工序和工种，再配备其他工人组成混合班组来完成其他工序的施工。

例如某建筑施工单位,安排32人组成两个混合班组,每组16人。砌筑进度按4天一层,第一天砌墙,第二天浇注芯柱和圈梁,第三天作墙体内抹灰,第四天吊装楼板。

(3) 用塔吊组织专业施工队:

广西南宁十层小砌块住宅施工时,用一台轻型塔吊,由19名瓦工、3名木工、1名架子工、1名电焊工和两位工长、一个材料员组成专业施工队,每$1m^2$墙体按4工一日考虑,取得了良好的施工效果。

广州市两栋七层小砌块住宅施工,采用15t·m轻塔吊一台,瓦工42人,木工、钢筋工、架子工、机修工由施工队按工程进度统一调配。塔吊设在两栋施工房屋中间,实行流水作业,两栋房屋同时施工,瓦工分成三个组,一组砌墙、一组安装楼板、一组抹灰交叉进行,其他工种穿插施工。由于施工组织比较合理,又采用专业施工队,加快了施工进度,每$1m^2$墙体按2.5工日考虑,两栋七层小砌块住宅的施工周期为95~100天。

第三节 小砌块墙体的施工

一、砌块和砂浆

1. 小砌块

砌块应按排块图将不同规格、不同强度等级的砌块运至每道墙的脚手架上。严禁使用断裂砌块和壁肋中有凹形裂纹的砌块。

有芯柱的砌块应用通孔砌块,芯柱必须保证120mm×120mm的截面尺寸。无芯柱的砌块,为了方便铺灰和提高墙体的抗剪、抗弯强度,用半封底或全封底(盲孔)砌块。如在芯柱处用半封底砌块,砌筑前将芯孔的飞边打掉,并清除砌块表面的污物和毛边。

有芯柱的砌块±0.00或楼面砌第一皮砌块时,必须用开口砌块或U形砌块,以便在浇灌芯柱混凝土前清除芯孔中的杂物(见图8-9)。

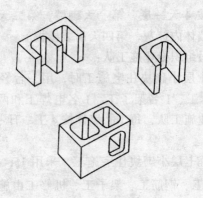

图 8-9 开口砌块型式

2. 砌筑砂浆

小砌块砌筑砂浆的性能将直接影响砌体的质量，影响使用功能。由于用混凝土制作的小砌块高度 190mm，上下二皮砌块接触面积仅为毛截面的 55%，而且混凝土制品吸水率小。因此，用于砌筑小砌块的砂浆与砌筑实心粘土砖的砂浆对原材料的要求、砂浆配合比、技术性能和拌制使用有相同之处，也有不同之处。

(1) 原材料的要求：

小砌块的砌筑砂浆宜用混合砂浆、由胶结料、细集料、水、掺合料和外加剂按一定比例制成。制成的方法有两种：一种用搅拌机拌合后运至墙体砌筑处使用；另一种由水泥、钙质消石灰粉、砂、掺和料以及外加剂按一定比例干混合制成的混合物，使用时在施工现场加水拌和后成为砌筑砂浆。

1) 水泥：砌筑砂浆的强度和耐久性首先取决于水泥，水泥作为主要的胶结料优先采用 425 号水泥，对于强度等级大于 M20 的砌筑砂浆，宜用 525 号[1] 水泥。水泥出厂日期超过 3 个月时，应进行复试，并按试验结果使用。不同品种的水泥不得混合使用。

---

[1] 此处按原标准《硅酸盐水泥、普通硅酸盐水泥》(GB175—92) 提出。

2）砂：砂浆中的细集料宜用中砂，中砂既能满足砂浆和易性要求，又能节约水泥。砂的质量应符合 GB/T14684—93 的规定，砂应过筛，且不得含有草根等杂物，砂中含泥量，对于水泥砂浆和强度等级不小于 M5 的水泥混合砂浆不应超过 5%。人工砂、山砂和细砂，经试配能满足小砌块砌筑砂浆的技术要求时，亦可采用。

3）掺合料和外加剂：

小砌块砌筑砂浆的掺合料通常用粉煤灰和钙质消石粉，技术要求应符合 GB1596—91、JC/T481—92 的规定。水化消石灰能改善砌筑砂浆的和易性和保水性，砌筑砂浆中应用的石灰应满足 JC/T481—92"建筑消石灰粉"的技术要求。

除非有特殊要求，砂浆中一般不加入外加剂。外加剂的掺入可能会影响砌筑砂浆的性能，因此，需要加入促凝、防水、防冻、保水等外加剂时，应经试验能满足砌筑砂浆技术要求时，方可在工程中使用。

4）水：目前水的污染比较普遍，当水中含有有害物质时，将会影响水泥的正常凝结，并可能对钢筋产生锈蚀作用，所以砌筑砂浆用拌合水应满足 JGJ63—89 的规定。凡能饮用的水，均可拌制砌筑砂浆。

5）所有原材料按重量计量，允许偏差不得超过表 8-12 规定的范围。

砂浆原材料计量允许偏差　　　　表 8-12

原材料品种	水泥	细集料	水	外加剂	掺合料
允许偏差（%）	±2	±3	±2	±2	±2

（2）砌筑砂浆的技术要求：

见第二章第三节。

（3）砂浆的搅拌：

砌筑砂浆应用机械搅拌。搅拌时按下列顺序加料：先加细集料、掺合料、水泥干拌 1min，再加水湿拌，总的搅拌时间不得少于 4min。

(4) 砂浆的使用：

砂浆必须搅拌均匀、随拌随用，盛在灰槽内的砂浆如有泌水现象时，砌筑前重新拌合。砂浆的存放时间不得超过 4h，天气炎热（30℃以上）必须在 2~3h 以内用完，隔夜砂浆未经处理不得使用。

施工过程，砌筑每一楼层墙体或 250m³ 砌体，每种强度等级的砂浆至少制作两组（每组 6 个）试块，试块尺寸为 70.7mm×70.7mm×70.7mm。

二、小砌块墙体的砌筑

墙体砌筑时，应遵守下列基本规定：

(1) 龄期不足 28 天的小砌块和潮湿的小砌块不得进行砌筑。龄期不足的砌块不仅强度不足，而且收缩大，潮湿砌块容易跑浆且干缩大，两者均容易引起墙体裂缝。因此，砌筑前小砌块不宜浇水，当天气干燥炎热（30℃以上或滴水后水渍迅速消失）时，可在砌块铺灰面上稍喷水湿润。

砌筑时，应尽量采用主规格的小砌块，小砌块的强度等级应符合设计图纸的要求。

(2) 砌筑前在房屋四角、楼梯间四角处必须设立皮数杆，皮数杆间距不得超过 15m，超过 15m 时，应在中间丁字墙处增设皮数杆。

砌筑第一皮砌块前，应根据轴线尺寸、砌块尺寸摆底(干排块)。砌筑从转角或定位处开始，内外墙同时砌筑，纵横墙交错搭接，砌筑墙角(转角)要高于其他墙，墙角每一皮砌块都要用 1.2m 专用水平尺检查是否横平竖直(见图 8-10 和图

图 8-10 砌筑墙角时，检查每皮砌块的平齐

8-11），以及墙面砌块是否在同一平面内（见图8-12）。砌筑中要坚持采用皮数杆确定每皮砌块顶部位置（见图8-13），同时利用1.2m水平尺对角斜放来检查砌块的水平间距（见图8-14）。

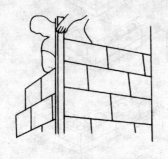

图8-11 检查墙角竖直

图8-12 检查墙面每个砌块是否在同一个平面内

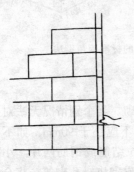

图8-13 用皮数杆检查每层砌体的间距

图8-14 对角检查砌体的水平间距

几种不同厚度砌块的标准墙角砌法见图8-15。

外墙转角处严禁留直槎，墙体临时间断处应砌成斜槎，斜槎的长度不应小于高度的2/3（一般按一步脚手架高度控制）。如留斜槎有困难，除外墙转角处及抗震设防地区，墙体临时间断处不应留直槎外，可从墙面伸出200mm砌成阴阳槎，并沿墙高每三皮砌块（600mm）设 $\phi 6$ 拉结筋或 $\phi 4$ 钢筋网片，接槎部位宜伸

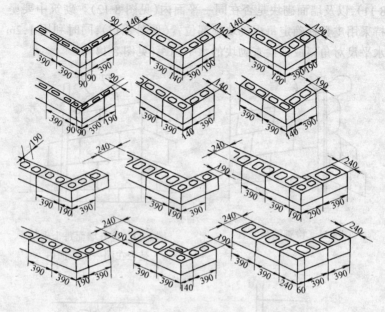

图 8-15 几种不同厚度砌块的标准墙角砌法

至门窗洞口。

(3) 小砌块砌筑时应对孔错缝搭砌。当个别情况无法对孔砌筑时，普通混凝土小砌块的搭接长度不应小于 90mm，如不能保证 90mm 搭接长度时，应在灰缝中加拉结筋或钢筋网片。小砌块是通过壁和肋来传递荷载，如果上下皮砌块错孔砌筑，将会影响砌体的强度，表 8-13 列出了试验资料，结果表明，错孔砌体比对孔砌体抗压强度低 20% 左右。

砌块错孔与对孔砌筑砌体强度对比　　　　表 8-13

试 验 单 位	试验件数	错孔砌体强度 R_c(MPa)	对孔砌体强度 R_d(MPa)	$\dfrac{R_c}{R_d}$
中建四局科研所	29	5.19	6.43	0.81
贵州建材科研所	30	4.44	5.6	0.79
河南建材科研所	19			0.805

小砌块要"反砌",也就是壁、肋厚度大的面朝上,一方面便于工人铺砂浆,而且也增加上下砌块接触面的抗剪强度。据测试:采用"正砌",砂浆强度为 10.4MPa 时,灰缝抗剪强度为 0.15MPa;采用"反砌",砂浆强度为 11.7MPa 时,灰缝抗剪强度为 0.225MPa。

(4) 承重墙不得采用小砌块与粘土砖等其他块体材料混合砌筑。严禁使用断裂砌块或壁肋中有竖向凹形裂缝的小砌块砌筑承重墙。

(5) 砌体灰缝横平竖直,水平灰缝厚度和竖向灰缝的宽度应控制在 8~12mm 之间,水平灰缝的饱满度不得低于 90%,竖向灰缝的饱满度不得低于 80%,墙体中不得出现瞎缝和透明缝。砌筑时铺灰长度不得超过 800mm,严禁用水冲浆灌缝。当缺少辅助规格的小砌块时,墙体通缝不应超过两皮砌块。砌筑砂浆强度未达到设计要求的 70% 时,不得拆除过梁底部模板。

砂浆的铺设方法:1) 用满铺法,即整个砌块水平面的壁肋及端部顶面全部铺浆(图 8-16 (a)),采用满铺法时,一般不熟练的瓦工用提刀铺竖缝灰浆(图 8-16 (c)),难以达到要求的饱满度。因此,国内有些地方将砌块端面朝上排列平铺灰浆(图 8-16 (d)),然后将砌块端面与砌好的砌块端面挤紧,采用满铺法砌体抗压强度为砌块强度的 60%~70%。2) 用壁铺法,即在砌块壁上铺水平浆和沿端面两侧的壁上抹浆,显而易见壁铺法水平灰缝饱满度达不到要求,因此砌体的抗压强度约为砌块强度的 50%~60%。3) 水平缝用满铺法,竖缝用壁铺法,砌块端面有凹槽时,凹槽处再灌入灰浆,将灰浆捣实。

一般小砌块墙体,均采用混合砂浆砌筑,不能随便用水泥砂浆代替,因为混合砂浆的保水性、和易性均优于水泥砂浆。在砌块、砂浆强度等级、施工条件相同的条件下,水泥砂浆砌筑砌体较混合砂浆砌体抗压强度低 15%~20%。

需要移动已砌好砌体的小砌块或被撞动的小砌块时,应重铺砂浆砌筑。

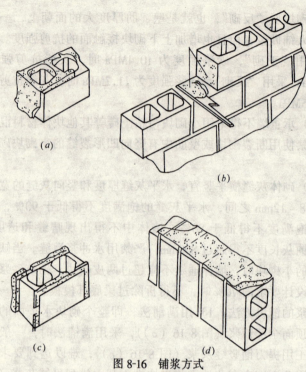

图 8-16 铺浆方式
(a)满铺砂浆；(b)肋铺砂浆；(c)提刀灰铺顶面砂浆；(d)平铺顶面砂浆

(6) 清水墙或抹灰墙面，均应随砌随勾缝。勾缝要求光滑、密实、平整。勾缝的时间，一般在灰缝砂浆略为结硬，用手指按出痕迹且砂浆不粘手时进行勾缝，勾缝应先勾水平缝再勾竖缝。

勾缝的形状有：凹圆形、V形、平形、槽形、挤压形、圆条形、上刮斜坡形和下刮斜坡形等多种形式，见图 8-17。

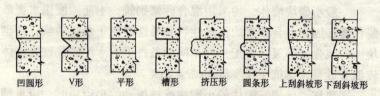

凹圆形　V形　平形　槽形　挤压形　圆条形　上刮斜坡形　下刮斜坡形

图 8-17 灰缝的主要类型

凹圆形、V形、槽形及圆条形需要特殊的勾缝工具；平形、上刮、下刮斜坡形可用瓦刀进行；挤压形用附加砂浆或砌筑时用挤出砂浆形成，硬化后不作修饰处理。各种勾缝有不同功能和适用范围：1）墙面抹灰或有饰面材料，可勾成平缝；2）除了在设罟控制缝或其他释放应力的位置用槽形缝，在承重墙体中不能使用槽形缝，以免影响砌体强度；3）挤压缝不宜用于常有大风大雨或有冰冻气候条件下的墙体；4）V形、凹圆形缝对抵抗风雨侵袭的效果较好，适宜于清水外墙使用；5）采用圆条缝时，要特别注意做工要细致，使线条笔直形成阴影线条；6）斜坡缝用于水平缝，上刮缝易使泻水不快，不适于在大雨、疾风或冰冻地区使用；下刮缝易排水，宜广泛用于防风雨墙，但勾缝时应仔细修饰边缘。

（7）墙体在下列部位不得设置脚手眼：

1) 过梁上部，与过梁成60°角的三角形及过梁跨度1/2范围内；

2) 宽度不大于800mm的窗间墙；

3) 梁和梁垫下及左右各500mm的范围内；

4) 门窗洞口两侧200mm以内和墙体交接处400mm的范围内；

5) 设计规定不允许设脚手眼的部位。

如必须在小砌块墙体内设脚手眼时，可用190mm×190mm×190mm小砌块侧砌，利用其孔洞作脚手眼，待墙体工程完成后用C15混凝土填实。

（8）小砌块的砌筑高度，应根据气温、风压、墙体部位和砌块的材质等不同情况分别控制。常温条件下，普通混凝土小砌块日砌筑高度控制在1.8m以内。两个施工段墙体的高度差，不大于一个楼层的高度或4m。

在墙体中设置临时施工洞口时，其两侧离交接处的墙面不应小于600mm，并在洞口顶部设过梁，填实洞口时，砌筑砂浆强度等级应提高一级。

三、小砌块墙体砌筑的工艺流程

一栋层高 2.7m 的住宅，13 皮小砌块可分三步架砌筑：第一步架 4 皮（砌至窗台）；第二步架 5 皮；第三步架 4 皮。其工艺流程如下：

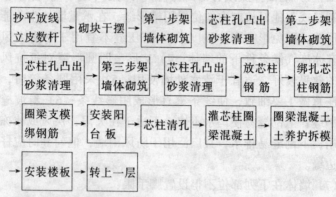

四、装饰小砌块的砌筑

装饰小砌块墙体在砌筑前，应根据设计要求在现场砌筑一片样板墙，经建设、设计、施工和监理各方一致确认后，方可进行正式施工。样板墙主要检验和确认装饰小砌块的色泽均匀性、纹理、形状、砂浆的颜色、灰缝厚度、勾缝形式、勾缝时间、组砌方法等。样板墙应保留到小砌块建筑施工完成。

同一个建筑群，每一栋装饰砌块建筑用的装饰砌块，生产时必须用相同的原材料、同一个配合比，避免墙面出现色差。

装饰砌块墙体砌筑砂浆用白水泥拌制时，宜用塑料或有机玻璃抹子进行勾缝，并用力挤压，砂浆应在 2.5h 之内用完。

施工过程应保持装饰小砌块墙面及灰缝的清洁。被污染的墙面，应采用喷砂或酸洗等方法将污染清理干净。

装饰混凝土小砌块纵墙与横墙连接处，不宜用咬砌法联结。

第四节 钢筋混凝土芯柱施工

小砌块墙体中的芯柱截面尺寸小、高度高、数量多以及质量检查比较困难,是小砌块建筑施工中的关键部位。

一、芯柱部位砌块的砌筑

(1)在楼(地)面砌筑第一皮砌块时,在芯柱部位采用开口砌块或U形砌块(见图8-9)作为清扫孔。

(2)芯柱部位采用不封底的通孔小砌块,如采用半封底的小砌块时,砌筑前必须打掉孔洞处的毛边,避免芯柱混凝土"颈缩"。

(3)边砌边清除伸入芯孔内的灰缝砂浆。

二、芯柱混凝土的原材料和技术要求

内容见本书第二章。

三、芯柱混凝土的施工

1. 混凝土的制备

灌孔混凝土的原材料水泥、集料、外加剂和掺合料的质量必须符上述的规定。水泥应按品种、标号分别贮存,并防止结块和污染;集料按颗粒大小分别堆放,不得混杂;外加剂应按不同品种分开贮存,防止质量发生变化;不同品种的掺合料贮存时有明显的标志。

混凝土拌合前,原材料应按重量进行计量,允许偏差不得超过表8-14规定的范围。计量设备应具有法定计量部门签发的有效合格证。

灌孔混凝土原材料计量允许偏差　　　　表8-14

原材料品种	水 泥	集 料	水	外加剂	掺合料
允许偏差(%)	±2	±3	±2	±2	±2

混凝土宜采用强制式搅拌机进行搅拌。有些地区可采用自落式搅拌机时,应适当延长混凝土搅拌时间。

2. 芯柱混凝土施工工艺

(1)芯柱混凝土施工应按下列工艺进行(参见图8-18至图8-20):

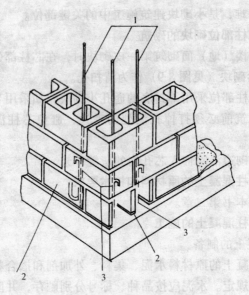

图 8-18 芯柱插筋操作孔
1—芯柱插筋 2—开口砌块 3—竖向插筋绑扎

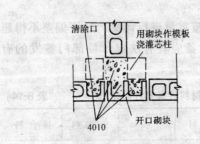

图 8-19 T型芯柱
第一皮砌块砌筑

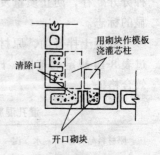

图 8-20 L型芯柱
第一皮砌块的砌筑

清除芯柱孔内杂物 → 放芯柱钢筋 → 在底部开口砌块处绑扎钢筋，钢筋绑扎二个点 → 用水冲洗芯孔 → 封闭底部砌块的开口 → 孔底浇适量素水泥浆 → 定量浇注芯柱混凝土 → 振捣芯柱混凝土。

302

(2) 清除砌块芯孔中杂物时，必须将残留在砌块壁上的砂浆、灰缝中凸出的砂浆以及孔底砂浆清除干净。

(3) 放芯柱钢筋后，在底部 20cm 高度开口处，用 2 点对钢筋绑扎，以固定钢筋位置。芯柱钢筋应与基础或基础梁的预埋钢筋连接，上下楼层的钢筋可在楼板面上搭接，搭接长度不应小于 $40d$，I 级钢筋端部加弯钩。

小砌块墙砌完一个楼层高度、砌筑砂浆强度 $f_2 \geq 1.0$ MPa 后，方可浇注芯柱混凝土。混凝土应连续浇注、分层捣实，每浇注 400~500mm 高度振捣一次，严禁灌满一个楼层高度混凝土再进行振捣。

(4) 芯柱与圈梁应整体浇注，如采用槽形小砌块作圈梁模壳时，其底部必须留出芯柱通过的孔洞。楼板在芯柱部位应留缺口，保证芯柱贯通。芯柱混凝土灌注时，应设专人检查，严格核实混凝土灌入量，对其密度确认后，方可继续施工。

四、芯柱施工中几个问题的试验情况

小砌块建筑中芯柱数量多，截面尺寸小灌注混凝土后如何振捣？插筋数量多，上下钢筋连接时难免产生各种情况，对芯柱承载能力有何影响？北京建筑工程学院进行了一些初步的试验和探讨，供参考。

1. 灌芯混凝土的振捣

对灌芯混凝土用小直径振捣棒进行机械振捣，无疑能保证芯柱混凝土的质量；如果灌注大流动性的混凝土，不进行振捣，灌芯混凝土与小砌块壁肋能否有良好的粘结？能否保证混凝土的密实性？是否会出现空洞？对墙体结构是否造成安全上的隐患？有没有其他的振捣方法？

试验探讨：芯柱混凝土强度试验试件用三块 390mm×190mm×190mm 砌块砌成 590mm 高的砌体，进行强度试验，用 $L_q(3^4)$ 正交试验，四因素为：(1) 水泥用量；(2) 外加剂；(3) 混凝土坍落度；(4) 振捣方法。振捣方法采用不振、微振（摇动芯柱内插筋）和振捣器振捣三种方法。试验指标为砌体的

抗压强度,试验结果见表 8-15。

灌芯砌体的正交试验   表 8-15

编号	水泥用量 (kg/m³)	外加剂	混凝土坍落度 (cm)	施工方法	灌芯混凝土强度 (MPa)	砂浆强度 (MPa)	砌体开裂强度 (MPa)	砌体破坏强度 (MPa)
1	350	无	12	不振	26.23	4.74	8.10	9.06
2	350	木钙	16	微振	22.30	2.69	7.74	10.26
3	350	木钙+膨胀水泥	20	振捣	20.34	4.74	10.62	11.92
4	370	无	16	振捣	22.00	4.74	10.77	11.49
5	370	木钙	20	不振	21.30	2.69	8.33	9.81
6	370	木钙+膨胀水泥	12	微振	21.60	4.74	9.17	10.32
7	390	无	20	微振	20.70	4.74	9.20	10.00
8	390	木钙	12	振捣	23.08	4.74	10.31	10.85
9	390	木钙+膨胀水泥	16	不振	16.10	2.69	8.55	10.15
K_1	31.24	30.61	30.23	29.02				
K_2	31.62	30.92	31.90	30.64				$\Sigma = 93.92$
K_3	31.06	32.39	31.79	34.26				
R	0.56	1.78	1.67	5.24				

从表 8-15 极差分析清楚地看出:对有芯柱砌体抗压强度影响因素中,主要因素是振捣方法,依次为外加剂→混凝土坍落度→水泥用量。三种振捣方法,用振捣器振捣的砌体强度最高,灌芯混凝土不仅本身密实、表面光滑,将砌体打开,混凝土与壁肋的粘结良好,不易分开;摇动芯柱内的钢筋,对混凝土进行振捣,虽振动力不大但易于操作,微振混凝土表面有麻点,与砌块壁肋间无间隙,但两者易于分开;而不振捣混凝土坍落度 20cm,混凝土表面有蜂窝,灌芯混凝土与小砌块壁肋间有明显的缝隙。

根据上述试验结果,灌芯混凝土利用芯柱孔中插筋进行微振,砌体的抗压强度稍低于振捣的砌体,是一个简单易行的振捣方法。

2. 芯柱钢筋的连接

芯柱插筋用 $\phi 12$，上下钢筋的连接用搭接。上下钢筋的位置存在各种不同的情况，图 8-21 所示有对中、偏中、斜偏、全偏四种情况进行钢筋拉伸试验，试验结果见表 8-16。灌芯混凝土用 C15～C20。芯柱插筋拉伸试验结果：插筋位置在对中情况下，钢筋搭接长度 $35d$，钢筋超过屈服强度；上下钢筋搭接长度 $35d$ 时，灌芯混凝土 C15，插筋偏中、斜偏、全偏三种情况下，钢筋拉伸时，钢筋均能达到屈服强度。

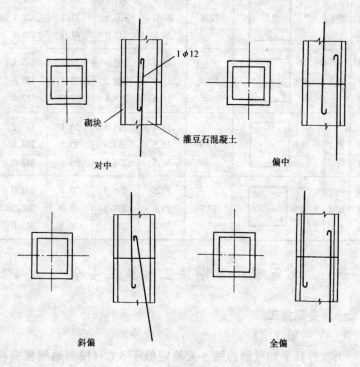

图 8-21

芯柱钢筋拉伸试验　　　　　表8-16

编号	搭接倍数	钢筋位置	芯柱混凝土强度（MPa）	钢筋屈服荷载（kN）	钢筋屈服强度（MPa）	钢筋破坏荷载（kN）	钢筋破坏强度（MPa）
9	30d	对中	16.0	34.5	305.3	36.0	318.6
10				31.0	274.3	33.0	292.0
11				32.5	287.6	34.0	300.9
12	30d	对中	20.4	33.5	296.5	35.0	309.7
13				33.0	292.0	36.0	318.6
14				31.8	281.4	33.8	299.1
15	30d	对中	22.8	34.5	305.3	37.4	331.0
16				34.0	300.9	37.0	327.4
17				36.5	323.0	41.0	285.8
18	35d	偏中	17.9	33.0	292.0	38.0	336.3
19				32.0	283.2	35.1	310.6
20				31.5	278.8	37.0	327.4
21	35d	斜偏	17.9	33.4	295.6	38.1	337.2
22				32.5	287.6	35.5	314.2
23				31.5	278.8	36.5	323.0
24	35d	全偏	17.9	33.5	296.5	37.4	331.0
25				33.6	297.3	38.0	336.3
26				32.0	283.2	36.5	323.0

第五节　冬期施工和施工安全

一、冬期施工

（一）一般规定

当室外日平均气温连续5天稳定低于5℃（按当地气象资料确定），或当日最低气温低于−3℃时，小砌块砌体工程应采取冬季施工措施。

1. 原材料

冬季施工时，不得使用水浸后受冻的小砌块，砌筑前应清除冰雪等冻结构，不得采用冻结法施工。

砂浆宜用普通硅酸盐水泥拌制，砂内不得含有冰块和直径大于10mm的冻结块，石灰膏等应防止受冻，如遭冻结，应经融化后方可使用。

2. 砂浆

拌合砂浆宜用两步投料法。水的温度不得超过80℃，砂的温度不得超过40℃，拌和抗冻砂浆使用的外加剂，其掺量需经试验确定，不得随意变更掺量。

当日最低气温高于或等于－15℃时，采用抗冻砂浆强度等级应按常温施工提高一级。

3. 砌筑

小砌块冬季施工时，每日砌筑后应使用保温材料覆盖新砌砌体。气温低于－15℃时，不得进行小砌块的砌筑。解冻后，应对砌体进行观察，当发现裂缝、不均匀下沉等情况时，应分析原因并采取措施。

基土不冻胀时，基础可在冻结的地基上砌筑；基土有冻胀性时，必须在未冻的地基上砌筑。在施工时和回填土时，均应防止地基遭受冻结。

二、施工安全

小砌块建筑施工前应对施工人员（技术员、工长、质检员以及操作工人）进行岗位培训，并执行有关的安全技术规程和下列要求：

1. 小砌块运输

吊运小砌块必须使用铁笼或托板集装吊运，使用托板集装时需有尼龙网或安全罩。起吊时应注意重心位置，避免倾复，严禁用起重机臂拖运铁笼或托板，起重机臂回转时，回转半径范围内不得有任何操作人员进行施工或停留。

2. 小砌块的堆放

在楼面上堆放小砌块时，严禁倾卸和抛扔，并不得撞击楼板。堆放在楼板上的小砌块，不得超过楼板的允许承载力。脚手架上只能卧放两层小砌块，如果主规格小砌块竖放在脚手架上时，只允许满排一层。

3. 小砌块砌筑

采用外脚手架时，每步脚手高度不宜大于1.2m，采用内脚手时，应在底层外墙四周设置安全网。砌体施工时，不得站在墙体上砌筑或进行其他作业，严禁在墙顶上行走。

4. 其他安全要求

在小砌块砌体上不宜拉缆绳、设置支撑点、挂吊重物。对稳定性较差的窗间墙或独立柱应加稳定支撑。

遇到以下情况时，应停止施工作业：(1)因刮风使小砌块吊装时在空中摆动；(2)噪声过大，听不清指挥信号时；(3)大雾或照明不足时。

第六节 小砌块砌体质量验收

小砌块房屋砌体工程质量验收应按照《砌体工程施工及验收规范》（GB50203—98）和《混凝土小型砌块建筑技术规程》（JGJ/T14—95）规定的砌体工程质量标准和砌体工程验收项目进行验收。

一、材料出厂合格证和试验资料

小砌块建筑砌体工程用材料有：水泥、粗集料、细集料、掺合料、外加剂、钢筋、防水材料和小型砌块等均应有出厂合格证和规定的试验资料。

小砌块应按《普通混凝土小型空心砌块》（GB8239—1997）国家标准进行验收。产品出厂合格证包括：厂名和商标；合格证编号和砌块数量；产品标记和检验结果，检验项目有：尺寸偏差、外观质量、相对含水率、抗压强度、抗渗性和抗冻性等；北京等地区需有当地主管部门颁发的小砌块准用证。

二、施工现场的材料试验

1. 小砌块和钢筋复试

小砌块和钢筋进入施工现场时虽有出厂合格证和准用证,但是这二种材料是结构的主要材料,进场后需要进行复试,以保证结构的安全。

对每一种强度等级的小砌块随机抽取五个小砌块按《混凝土小型空心砌块试验方法》(GB4111—1996)规定的方法进行抗压强度试验,试验结果应符合本书第二章表2-3的要求。

每一种规格、强度等级的钢筋,随机抽取二个试件进行屈服点、极限强度、伸长率和冷弯试验,试验结果符合验收规范的要求。

2. 砂浆和混凝土强度

每一楼层或250m^3的砌体,每种强度等级的砂浆至少制作两组(每组6块),试件尺寸7.07cm×7.07cm×7.07cm,经标准养护后进行28天抗压强度试验。

每层楼每种强度等级的混凝土至少制作一组(每组3块)15cm×15cm×15cm试块,经标准养护后进行28天抗压强度试验。

三、小砌块基础工程

(1) 小砌块基础施工前,应用钢尺校核房屋的放线尺寸、其允许偏差不应超表8-11的规定。

(2) 小砌块基础如用墙下钢筋混凝土条形基础,基础墙用小砌块,砌块中的芯孔均应灌细石混凝土,部分孔中有插筋,基础墙上部有钢筋混凝土地梁,地梁上预埋插筋与上部小砌块芯孔中的插筋相连接,地梁上表面有刚性防潮层。

因此,小砌块基础工程的验收应包括:

1) 钢筋混凝土条形基础;
2) 小砌块砌体砌筑;
3) 灌孔混凝土的浇注;
4) 钢筋混凝土地梁(支模、绑钢筋、浇注混凝土);

5) 地梁插筋;
6) 刚性防潮层;
7) 基槽回填;
8) 墙体中的拉结钢筋或网片。

上述各项应按隐蔽工程逐项进行验收。

四、小砌块墙体

小砌块墙体工程质量应满足《建筑工程质量检验评定标准》（GBJ301—88）的要求。

1. 砌体

小砌块规格、型号、强度等级必须符合设计要求，并有出厂合格证、试验和复试报告。

砂浆的品种、强度等级按设计要求进行强度试验。同品种、同强度的砂浆，各组试块的平均强度不小于 $f_{m,k}$，任意一组试块的强度不小于 $0.75f_{m,k}$，当单位工程中同品种、同强度等级的砂浆仅有一组试块时，其强度不应低于 $f_{m,k}$。

砌体砂浆必须密实饱满，水平灰缝的饱满度不得低于90%，竖向灰缝饱满度不得低于80%，不得有瞎缝和透明缝。每步架抽查不少于3处。

清水墙和窗间墙不得有通缝，小砌块的搭接长度不应小于90mm，外墙的转角处严禁留直槎等。

2. 芯柱

芯柱在浇注混凝土前进行隐蔽验收，验收的项目有：芯柱插筋规格、品种，插筋搭接长度、砌块内壁毛边处理、舌头灰清除以及孔底清理等。

浇注混凝土时，每个芯孔应记录混凝土强度等级、坍落度、混凝土的灌入量和振捣情况。

墙体验收前，每层应抽20%芯孔用小锤敲击芯柱部位的砌体，听有无异常的空声，否则应进行局部破壁检查。如发现有蜂窝或空洞现象，应对所有芯柱进行敲击检查。对有异常空声的芯柱进行局部破壁、清除残渣后，刷上一层素水泥浆后用细石混凝土填实。

3. 砌体的偏差

砌体的尺寸和位置的允许偏差见表8-17。

砌体的允许偏差 表8-17

序号	项目		允许偏差（mm）	检查方法
1	轴线位移		10	用经纬仪或拉线和尺检查
2	基础顶面或楼面标高		±15	用水准仪或尺检查
3	墙面垂直度	每层	5	用吊线法检查
		全高 ≤10m	10	用经纬仪或吊线和尺检查
		全高 >10m	20	
4	表面平整度	清水墙、柱	5	用2m靠尺检查
		混水墙、柱	8	
5	水平灰缝平直度	清水墙10m以内	7	拉10m线和尺检查
		混水墙10m以内	10	
6	水平灰缝厚度（连续5皮砌块累计数）		±10	用尺量检查
7	垂直灰缝宽度（连续5皮砌块累计数）包括凹面深度		±15	
8	门窗洞口（后塞框）	宽度	±5	
		高度	+15 −5	

4. 其他项目

砌体工程中其他的验收项目，如预埋钢筋网片或拉结钢筋、圈梁、冬季施工等项目，应按《砌体工程施工及验收规范》GB50203—98，《混凝土小型空心砌块建筑技术规程》JGJ/T14—95工程验收规定的项目逐一进行验收。

参 考 文 献

1. 混凝土小型空心砌块建筑技术规程（JGJ/T14—95）。
2. 砌体结构设计规范（GBJ3—88）。
3. 建筑抗震设计规范（GBJ11—89），1993年局部修订。
4. 砌体工程施工及验收规范（GB50203—98）。
5. 普通混凝土小型空心砌块（GB8239—1997）。
6. 混凝土小型空心砌块试验方法（GB/T4111—1997）。
7. 建筑结构荷载规范（GBJ9—87）。
8. 钢筋混凝土高层结构设计与施工规程（JGJ3—91）。
9. 民用建筑热工设计规范（GB50176—93）。
10. 民用建筑节能设计标准（采暖居住建筑部分）（JGJ26—95）。
11. 建筑结构设计统一标准（GBJ68—84）。
12. 王墨耕，王汉东．多层及高层建筑配筋混凝土空心砌块砌体结构设计手册．安徽：安徽科学技术出版社，1997
13. ［美］F. A. Randall, W. C. Panarese 合编．混凝土砌块手册．中国建筑科学研究院建筑设计研究所译．北京：中国建筑工业出版社，1982
14. 孙惠镐，叶锦秋等．二级注册结构工程师专业应试指导．北京：中国建材工业出版社，2000
15. 严理宽等．混凝土砌块生产与应用．北京：中国建材工业出版社，1992
16. 王墨耕，刘玲．混凝土砌块建筑构造详图．北京思慧砌块建筑技术研究所，1994
17. 孙氰萍．混凝土空心小砌块．成都：四川科学技术出版社，1986
18. 孙惠镐．国外建筑联锁砌块简介．建筑砌块 1991.6
19. 王汉东，王墨耕．配筋混凝土小型空心砌块的砌体结构设计．(97)全国砌块建筑设计施工技术研讨会论文集，1997
20. 杨善勤．混凝土小型空心砌块墙体的保温隔热和节能问题．(97)全国砌块建筑设计施工技术研讨会论文集，1997
21. 杜文英．建议研究和采用多功能砌块．(97)全国砌块建筑设计施工技

术研讨会论文集，1997
22. 孙惠镐. 混凝土空心小型砌块外墙的保温. 建筑砌块，1988.6
23. 杨鼎宜，曹建华. 混凝土小型空心砌块保温隔热现状及改进措施.（97）全国砌块建筑设计施工技术研讨会论文集，1997
24. 李德荣，刘明明，杨星虎. 上海地区混凝土空心砌块住宅建筑节能技术研究. 99砌块建筑学术研讨会论文集，1999
25. 唐岱新，马晓儒. 多层砌块房屋的震形裂缝成因与防治. 99砌块建筑学术研讨会论文集，1999
26. 孙氰萍. 四川省混凝土砌块建筑热、裂、渗问题分析. 99砌块建筑学术研讨会论文集，1999
27. 王汉东，王墨耕. 非配筋小砌块砌体开裂原因及解决办法.（99）混凝土砌块墙体裂缝研究讨论会论文集，1999
28. 孙惠镐. 小砌块建筑发展中的几个问题. 99砌块建筑学术研讨会论文集，1999
29. 王汉东、王墨耕. 混凝土小型空心砌块剪力墙的抗剪计算和设计.（99）砌块建筑学术研讨会论文集，1999
30. 王汉东，王墨耕. 混凝土小型空心砌块砌体剪力墙压弯设计和计算. 建筑砌块与砌块建筑，2000.2